U0588773

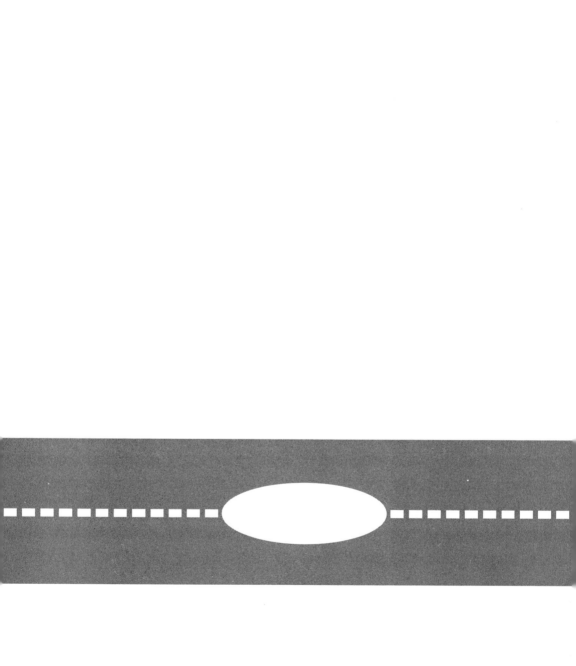

· 只为成功找方法，不为失败找借口 ·

找对方法 做 对事

杨 婧 编著

光明日报出版社

图书在版编目（CIP）数据

找对方法做对事 / 杨婧编著 . -- 北京：光明日报出版社，2012.1（2025.4 重印）
ISBN 978-7-5112-1870-4

Ⅰ . ①找… Ⅱ . ①杨… Ⅲ . ①成功心理－通俗读物 Ⅳ . ① B848.4-49

中国国家版本馆 CIP 数据核字 (2011) 第 225276 号

找对方法做对事

ZHAO DUI FANGFA ZUO DUI SHI

编　　著：杨　婧

责任编辑：李　娟　　　　　　　　　　责任校对：文　朔
封面设计：玥婷设计　　　　　　　　　责任印制：曹　净

出版发行：光明日报出版社
地　　址：北京市西城区永安路 106 号，100050
电　　话：010-63169890（咨询），010-63131930（邮购）
传　　真：010-63131930
网　　址：http://book.gmw.cn
E－mail：gmrbcbs@gmw.cn
法律顾问：北京市兰台律师事务所龚柳方律师

印　　刷：三河市嵩川印刷有限公司
装　　订：三河市嵩川印刷有限公司
本书如有破损、缺页、装订错误，请与本社联系调换，电话：010-63131930

开　　本：170mm×240mm
字　　数：200 千字　　　　　　　　　印　　张：15
版　　次：2012 年 1 月第 1 版　　　　印　　次：2025 年 4 月第 4 次印刷
书　　号：ISBN 978-7-5112-1870-4-02

定　　价：49.80 元

版权所有　翻印必究

前言
PREFACE

　　每天，从我们睁开眼睛的那一刻起，就会有许多问题接踵而至，工作、生活、情感等，这一系列问题构成了我们人生的全部内容。问题多如乱麻，有时甚至会把我们的生活搞得一团糟，让我们理不出半点头绪。可是，一旦我们冷静下来，进行理性的思考，就会欣喜地发现：问题再难，总有解决之道，方法总比问题多。关键是你对待问题的态度，而这也决定了你能否在问题丛林中自由穿梭，从而顺利到达成功的彼岸。

　　有句话说："世上没有解决不了的问题，只有对问题束手无策的人。"一个卓越的人，可以在纷繁复杂的棘手难题中轻松自如地驾驭人生，凡事都能逢凶化吉，把不可能之事变为可能，从而实现自己的人生目标。这其中的"奥妙"便是其恰如其分地运用了方法的力量。

　　所以，我们要相信：一扇门关上，另一扇门会打开。没有过不去的坎，也没有解决不了的问题，除非你自己不愿过去，不愿解决。面对问题，不去努力地寻找解决的方法，只是一味抱怨，并找出各种自以为冠冕堂皇的所谓理由来推脱，如此，问题无法解决，你也不可能取得成功。

　　一个人，无论处于何种位置，从事何种职业，应对何种事情，都应该以极大的热情，积极主动地去解决自己所面临的问题。在此过程中，尽最大的努力去寻找方法，解决问题，从而求得发展。这是一个最为关键的准则。

　　优秀之人，必是竭力寻找方法之人。因为在他们的眼中，无论处于何种情况，方法总比问题多！

　　面对生命中遇到的每一个困境，只有努力寻找方法，我们才能领略到人生的甘甜和辛辣。

面对生活中遭遇的每一个挫折，只有努力寻找方法，我们才能体悟到生活的精彩与多姿。

面对工作中面临的每一个困难，只有努力寻找方法，我们才能感受到付出的快乐和充实。

面对情感中经历的每一个困惑，只有努力寻找方法，我们才能享受到心灵的澄澈与满足。

方法之于问题，正如钥匙之于锁，只有找对了方法，你才能打开问题这把棘手之锁，从而轻松摆脱各种束缚，做自己想做的事情。

方法之于问题，正如帆之于船，只有找对了方法，你才能驾驭问题这条棘手之船，从而顺利航行，到达成功的彼岸。

正是基于以上的理念，所以才有了本书的诞生。

本书共分为三篇，上篇着重于理念的阐述，具体论证了方法之于解决问题的重要性。中篇从改变观念、调整心态、转换思路、勇于突破、打破常规、用对智慧、开启大脑、迎战问题8个角度出发，进行详细的分析和解悟，理论与实践并重，让你以最快捷的方式成为一名方法高手。下篇着重于方法的讲解，从心态塑造、职场畅游、经营管理、财富管理、社交之道、时间管理6个角度出发，具体讲解了一系列的应对方法，不仅极具启迪作用，而且经世致用，力求让你"找对方法做对事"。

美国最伟大的浪漫主义诗人惠特曼有言："只有受过寒冷的人才感觉得到阳光的温暖，也唯有在人生战场上受过挫折、痛苦的人才知道生命的珍贵，才可以感受到生活之中真正的快乐。"同样，面对生活或者工作中所遇到的每一个问题，我们只有坦然面对，竭力寻找解决的方法，才能真正地领略到心灵与智慧碰撞所带来的醍畅淋漓之感。

方法总比问题多！成功的手，永远只向善于找方法的人挥舞，愿你也成为其中的一位。

目录

CONTENTS

上篇
方法总比问题多

中篇
历练自我，打造方法高手

下篇
找对方法做对事

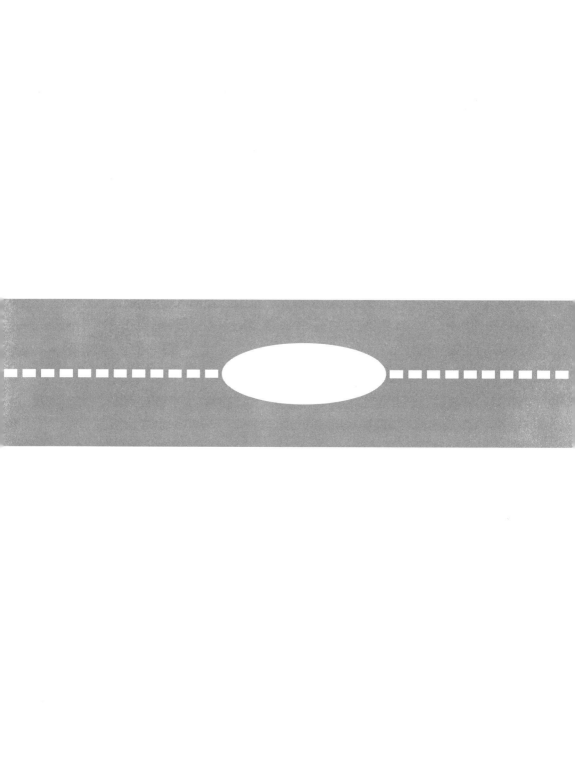

上 篇
方法总比问题多

第一章

没有解决不了的问题，
只有解决不了问题的人

没有笨死的牛，只有愚死的汉

> 俗话说："山不转，路转；路不转，人转。"我国古书《易经》也说："穷则变，变则通。"的确，天无绝人之路，遇到问题时，只要肯找方法，上天总会给有心人一个解决问题、取得成功的机会。

人们都渴望成功，那么，成功有没有秘诀？其实，成功的一个很重要的秘诀就是寻找解决问题的方法。俗话说："没有笨死的牛，只有愚死的汉。"任何成功者都不是天生的，只要你积极地开动脑筋，寻找方法，终会"守得云开见月明"。

世间没有死胡同，就看你如何寻找方法，寻找出路。且看下文故事中的林松是如何打破人们心中"愚"的瓶颈，从而找到自己成功的出路。

有一年，山丘市经济萧条，不少工厂和商店纷纷倒闭，商人们被迫贱价抛售自己堆积如山的存货，价钱低到1元钱可以买到10条毛巾。

那时，林松还是一家纺织厂的小技师。他马上用自己积蓄的钱收购低价货物，人们见到他这样做，都嘲笑他是个蠢材。

林松对别人的嘲笑一笑置之，依旧收购抛售的货物，并租了很大的货仓来贮存。

他母亲劝他不要购入这些别人廉价抛售的东西，因为他们历年积蓄下来的钱数量有限，而且是准备给林松办婚事用的。如果此举血本无归，那么后果便不堪设想。

林松安慰她说：

"3 个月以后，我们就可以靠这些廉价货物发大财了。"

林松的话似乎兑现不了。

过了 10 多天后，那些商人即使降价抛售也找不到买主了，他们便把所有存货用车运走烧掉。

他母亲看到别人已经在焚烧货物，不由得焦急万分，便抱怨起林松。对于母亲的抱怨，林松一言不发。

终于，政府采取了紧急行动，稳定了山丘市的物价，并且大力支持那里的经济复苏。

这时，山丘市因焚烧的货物过多，商品紧缺，物价一天天飞涨。林松马上把自己库存的大量货物抛售出去，一来赚了一大笔钱，二来使市场物价得以稳定，不致暴涨不断。

在他决定抛售货物时，他母亲又劝告他暂时不忙把货物出售，因为物价还在一天一天飞涨。

他平静地说：

"是抛售的时候了，再拖延一段时间，就会后悔莫及。"

果然，林松的存货刚刚售完，物价便跌了下来。

后来，林松用这笔赚来的钱，开设了 5 家百货商店，生意十分兴隆。

如今，林松已是当地举足轻重的商业巨子了。

面对问题，成功者总是比别人多想一点，老王就是这样的人。

老王是当地颇有名气的水果大王，尤其是他的高原苹果色泽红润，味道甜美，供不应求。有一年，一场突如其来的冰雹把将要采摘的苹果砸开了许多伤口，这无疑是一场毁灭性的灾难。然而面对这样的问题，老王没有坐以待毙，而是积极地寻找解决这一问题的方法，不久，他便打出了这样的一则广告，并将之贴满了大街小巷。

广告上这样写道："亲爱的顾客，你们注意到了吗？在我们的脸上有一道道伤疤，这是上天馈赠给我们高原苹果的吻痕——高原常有冰雹，只有高原苹果才有美丽的吻痕。味美香甜是我们独特的风味，那么请记住我们的正宗商标——伤疤！"

从苹果的角度出发，让苹果说话，这则妙不可言的广告再一次使老王的苹果供不应求。

世上无难事，只怕有心人。面对问题，如果你只是沮丧地待在屋子里，便会有禁锢的感觉，自然找不到解决问题的正确方法。如果将你的心锁打开，开动脑筋，勇敢地走出自己固定思维的枷锁，你将收获很多。

早领悟 早成功

真正杰出的人，都富有积极的开拓和创新精神，他们绝不会在没有努力的情况下，就找借口逃避。条件再难，他们也会创造解决的条件；希望再渺茫，他们也会找出许多办法去寻找希望。因为他们相信：没有笨死的牛，只有愚死的汉。只要积极开动脑筋，寻找方法，总能找到解决之道，冲出困境。

三分苦干，七分巧干

很多人认为，只有苦干才能成功。但无数成功者的经验表明，一个人要走向成功不能只会苦干，更要学会巧干。因为现在是"巧干"升值的时代，比别人会巧干的人会少走弯路，更快地走向成功。

人们常说：一件事情需要三分的苦干加七分的巧干才能完美。意思是做事要注重寻找解决问题的方法，用巧妙灵活的方法解决难题，不要一味地蛮干。也就是说，"苦"的坚韧离不开"巧"的灵活。一个人做事，若只知下苦功夫，则易走入死道，若只知用巧，则难免缺乏"根基"，唯有三分苦加上七分巧才能更容易达到自己的目标。王勉就是深知此道理的人。

王勉是一家医药公司的推销员。一次他坐飞机回公司，竟遇到了意想不到的劫机。通过各界的努力，问题终于得以解决。就在要走出机舱的一瞬间，他突然想：劫机这样的事件非常重大，应该有不少记者前来采访，为什么不好好利用这次机会宣传一下自己公司的形象呢？

于是，他立即从箱子里找出一张大纸，在上面写了一行大字："我是××公司的王勉，我和公司的××牌医药品安然无恙，非常感谢搭救我们的人！"

他打着这样的牌子一出机舱，立即就被电视台的镜头捕捉住了。他立刻成了这次劫机事件的明星，很多家新闻媒体都争相对他进行采访报道。

等他回到公司的时候，受到了公司隆重的欢迎。原来，他在机场别出心裁的举动，使得公司和产品的名字几乎在一瞬间家喻户晓了。公司的电话都快打爆了，客户的订单更是一个接一个。董事长当场宣读了对他的任命书：主管营销和公关的副总经理。事后，公司还奖励了他一笔丰厚的奖金。

王勉的故事说明了一个道理：做任何事情，都要将"苦"与"巧"巧妙结合。正所谓"三分苦干，七分巧干"，"苦"在卖力，"巧"在灵活地寻找方法，只有这样，才最容易找到走向成功的捷径。陈良的故事就说明了这个道理。

陈良出生在一个穷困的山村，从小家里就很困难。17岁那年，他独自一人带着8个窝窝头，骑着一辆破自行车，从小山村到离家100公里外的城里去谋生。

城里的工作本来就不好找，加上他连高中都没有毕业，学历这么低，要想找到一份好的工作是难上加难。

他好不容易在建筑工地上找到了一份打杂的活。一天的工钱是两元钱，这只够他吃饭，但他还是想尽办法每天省下一元钱接济家人。

尽管生活十分艰难，但他还是不断地鼓励自己会有出人头地的一天。为此，他付出了比别人更多的努力。两个月后，他被提升为材料员，每天的工资加了一元钱。

靠着自己的不懈努力，他初步站稳了脚跟。之后，他就开始重视方法。他认为：要在新单位站稳脚跟，更多地得到大家的认可，就不能只靠苦干，更要靠巧干。那么，怎样才能做到这点呢？

冥思苦想之后，他终于想到了一个点子。工地的生活十分枯燥，他想，能不能让大家的业余生活过得丰富一点呢？想到这里，他拿出自己省下来的一点钱，买了《三国演义》、《水浒传》等名著，认真阅读后，就给大家讲故事。这一来，晚饭后的时间，总是大家最开心的时间。每天，工地上都洋溢着工友们欢乐的笑声。

一天，老板来工地检查工作，发现他有非常好的口才，于是决定将他提升为公关业务员。

一个小点子付诸实践后就能有这样的效果，他极受鼓舞。于是，他便将主动找方法，并运用到工作的各个方面。

对工地上的所有问题，他都抱着一种主人翁的心态去处理。夜班工友有随地小便的习惯，怎么说都没有用，他便想尽各种方法让大家文明上厕；一个工友性格暴躁，喝酒后要与承包方拼命，他想办法平息矛盾，做到使各方都满意……

别看这些都是小事，但领导都看在眼里。慢慢地，他成了领导的左膀右臂。

由于他经常主动找方法，终于等来了一个创业的良机。有一天，工地领导告诉他，公司本来承包了一个工程，但由于各种原因，难度太大，决定放弃。

作为一个凡事都爱"三分苦干，七分巧干"的人，他力劝领导别放弃。领导看着他充满热情，突然说了一句话："这个项目我没有把握做好。如果你看得准，由你牵头来做，我可以为你提供帮助。"

他几乎不敢相信自己的耳朵：这不是给自己提供了一个可以自行创业的绝好机会吗？他毫不犹豫地接下了这个项目，然后信心百倍地干了起来。

但遇到的困难是出乎意料的，仅仅是报批程序中需要盖的公章就有15个，但他还是想尽办法，一个个都盖下来了。终于项目如期完成了，他掘到了人生的第一桶金。

不久，他便成立了自己的建筑公司，并且事业做得越来越大。

早领悟 早成功

一个人，如果想提高自己的工作效率和工作绩效，其关键之道，不在于苦干，而在于巧干。因为，面对工作中出现的问题，有的时候，只靠勤奋和认真是难以解决的，那个时候，就迫切地需要灵活的头脑和巧妙的方法，唯有此，才能更快更好地寻找到解决之道。

所谓没有办法就是没有想出新方法

是真的没办法吗？还是我们根本没有好好动脑筋想新方法？事实上，只要我们用一种大的视野、一种综观全局的胸怀来看待问题，用一种灵动多变的思考方式、一种随机应变的智慧去分析判断问题，就不会找不到解决问题的新方法。

"实在是没办法！"

"一点办法也没有！"

这样的话，你是否熟悉？你的身边是否经常有这样的声音？

当你向别人提出某种要求时，得到这样的回答，你是不是会觉得很失望？

当你的上级给你下达某个任务，或者你的同事、顾客向你提出某个要求时，你是否也会这样回答？

当你这样回答时，你是否能够体到会别人对你的失望？一句"没办法"，我们似乎为自己找到了可以不做的理由。是真的没办法吗？只有暂时没有找到解决办法的困难，而没有解决不了的困难。一句"没办法"，浇灭了很多创造的火花，阻碍了我们前进的步伐！是真的没办法吗？还是我们根本没有好好动脑筋想办法？发动机只有发动起来才会产生动力，同样，想办法才会有办法！下面的故事就给我们以新的启迪。

一家位于北京市内商业闹市区、开业近两年的美容店，吸引了附近一大批稳定的客户，每天店内生意不断，美容师难得休息，加上店老板经营有方，每月收入颇丰，利润可观。但由于经营场所限制，始终无法扩大经营，该店老板很想增开一家分店，可此店开业不长，资金有限，还不够另开一间分店。

店老板苦思冥想，如何筹集到开分店的启动资金呢？他突然想到，平时不是有不少熟客都要求美容店打折优惠吗？自己都是很爽快地打了9折优惠。他灵机一动，推出10次卡和20次卡：一次性预收客户10次美容的钱，对客户给予8折优惠；一次性预收客户20次的钱，给予7折优惠。对于客户来讲，如果不购美容卡，一次美容要40元，如果购买10次卡（一次性支付320元，即10次 ×40元／次 ×0.8=320元），平均每次只要32元，10次美容可以省下 80 元；如果购买 20 次卡（一次性支付 560 元，即 20 次 ×40 元／次 ×0.7=560 元），平均每次美容只要 28 元，20 次美容可以省下 240 元。

通过这种优惠让利活动，吸引了许多新、老客户购买美容卡，结果大获成功，两个月内，该店共收到美容预付款达 7 万元，解决了开办分店的资金问题，同时也拥有了一批固定的客源。

就是用这种办法，店老板先后开办了 5 家美容分店。

有一位智者说，这个世界上有两种人：

一种人是看见了问题，然后界定和描述这个问题，并且抱怨这个问题，结果自己也成为这个问题的一部分。

另一种人是观察问题，并立刻开始寻找解决问题的办法，结果在解决问题的过程中自己的能力得到了锻炼、品位得到了提升。

你愿意成为问题的一部分，还是成为解决问题的人，这个选择决定了你是一个推动公司发展的关键员工，还是一个拖公司后腿的问题员工。

在一次企业管理培训课上，一位蛋糕店的老板陈先生和大家一起分享了他的创业经验。他深有感触地说："我很幸运，有一位善于找方法解决问题的员工。那次如果没有她，我的店很可能早就关门了。"

原来，陈老板开了一家蛋糕店。这个行业，竞争本来就十分激烈，加上陈老板当初在选择店址上有些小小的失误，开在了一个比较偏僻的胡同里，因此，自从蛋糕店开张后，生意一直不好，不到半年，就支撑不下去了。面对收支严重失衡的状况，陈老板无奈地想结束生意。这时，店里负责卖糕点的一个女员工给他提了一个建议。

原来，这个员工在卖蛋糕的时候曾经碰到过一个女客人，想给男朋友买一个生日蛋糕。当这个员工问她想在蛋糕上写些什么字的时候，女客人嗫嚅了半天才不好意思地说："我想写上：'亲爱的，我爱你'。"

员工一下子明白了女客人的心思，原来她想写一些很亲热的话，又不好意思让旁人知道。有这种想法的客人肯定不止一人，现在，各个蛋糕店的祝福词都是千篇一律的"生日快乐"、"幸福平安"之类，为何不尝试用点特别的祝福语？

于是，这个员工送走女客人后，就向陈老板建议："我们店里糕点师用来在蛋糕上写字的专用工具，可不可以多进一些呢？只要顾客来买蛋糕，就赠送一支，这样客人就可以自己在蛋糕上写一些祝福语，即使是隐私的话也不怕被人看到了。"

一开始，陈老板并没有将这个创意太当回事，只是抱着尝试的心理同意了，并做了一些简单的宣传。没想到，在接下来的一个星期中，顾客比平时增加了两倍，每个客人都是冲着那支可以在蛋糕上写字的笔来的。

陈老板说："从那以后，我的生意简直可以用奇迹来形容。我本来都做好关门的心理准备了，没想到我的店员帮了我大忙。现在，她成了我的左膀右臂，好主意层出不穷，我都觉得我离不开她了。"

西方流传着一句十分有名的谚语，叫作："Use your head."（请动动脑筋）许多成功者一生都在遵循着这句话，解决了很多被认为是根本解决不了的问题。在现代社会，每个人都在想尽一切办法来解决生活中的一切问题，而且，最终的强者也将是善于寻找新方法的那部分人。

早领悟　早成功

事实上，成大事者和平庸之流的根本区别之一，就在于他们能否在遇到困难时，主动寻找解决问题的新方法。一个人只有敢于迎接挑战，并在困境中突围而出，才能奏出激昂雄浑的生命乐章。因此，我们说，成功的人并非没有遭遇过困难，只不过他们善于寻找方法，不被困难所征服罢了。我们只有主动寻求方法去解决遇到的每一个问题和困难，才能实现成功。

对问题束手无策的 6 种人

　　　面对困难，一个人解决问题的能力就会突显出来。他可能并不缺少工作的热情，也绝对的敬业，但工作成效却不尽如人意，面对问题也往往束手无策。

在工作和生活中，有些人在面对问题时，不去积极地开动脑筋，主动寻求解决的方法，而是一味抱怨，或找出种种自以为冠冕堂皇的理由来推脱，所以很难成就什么大事。在此，我们将这些人具体分为以下 6 类，以示警醒。

第一种人：爱找借口的人

生活中，不知有多少人抱怨自己缺乏机会，并努力为自己的失败寻找借口。为什么他们总是如此煞费苦心地找寻借口，却无法将工作做好呢？如果每个人都善于寻找借口，那么努力尝试用找借口的创造力来找出解决困难的办法，也许情形会大大地不同。如果你存心拖延、逃避，你自己就会找出成千上万个理由来辩解为什么不能够把事情完成。事实上，把事情"太困难、太无头绪、太麻烦、太花费时间"等种种理由合理化，确实要比相信"只要我们足够努力、勤奋，就能做成任何事"的信念要容易得多。但如果我们经常为自己找借口，我们就做不成任何事，这对我们以后的职业生涯也是极为不利的。

如果你常常发现，自己会为没做或没完成的某些事而制造借口，或想出成百上千个理由为事情未能照计划实施而辩解，那么，你自己不妨还是多做自我批评，多多地自我反省吧！

第二种人：凡事拖延的人

拖延是解决问题的最大敌人，它不仅会影响工作的执行，更会带来个人精力的极大浪费。

拖延并不能使问题消失，也不能使解决问题变得容易起来，而只会使问题深化，给工作造成严重的危害。我们没解决的问题会由小变大，由简单变复杂，像滚雪球那样越滚越大，解决起来也越来越难。而且，没有任何人会为我们承担拖延的损失，拖延的后果可想而知。

社会学家库尔特·卢因曾经提出一个概念，叫作"力场分析法"。在这里面，他描述了两种力量：阻力和动力。他说，有些人一生都踩着刹车前进，比如被拖延、害怕和消极的想法捆住手脚；有的人则是一路踩着油门呼啸前进，比如始终保持积极、合理和自信的心态。这一分析同样适用于工作。如果你希望在职场中生存和发展，你得把脚从刹车踏板——拖延——上挪开。

第三种人：投机取巧的人

古罗马人有两座圣殿，分别是勤奋的圣殿和荣誉的圣殿，在安排座位时，他们有一个顺序：必须经过前者，才能到达后者。荣誉的必经之路是勤奋，试图投机取巧，想绕过勤奋就获得荣誉的人，总是被荣誉拒之门外。

许多生活中的实例证明，不管面临什么样的问题，如果总想投机取巧，表面上看，也许会节省一些时间或精力，但最终往往会导致更大的浪费。而且，投机取巧会使我们的能力日渐消退。只有努力寻找方法，将工作做到完美，我们才会收获得更多。

第四种人：浅尝辄止的人

在自然界，每一个物种都在发展和加强自己的新特征，以求适应环境，获得生存空间。生命的演化如此，生活和事业的发展也是如此。社会对个人的知识和经验不断提出了更高、更广、更深的要求，泛泛地了解一些知识和经验，是远远不够的。企图掌握好几十种职业技能，还不如精通其中一两种。什么事情都知道些皮毛，还不如在某一方面懂得更多，理解得更透彻。因为这样，我们就能将精力集中在一个方向上，从而使得前进路上的方法总比问题多，就足以使自己获得巨大的成功。

有一位发明家，他尝试着发明一种新型的榨汁机，但是经受多次挫折后，他丧失了耐心，在离成功只有一步之遥时，他放弃了努力。他将长时间积累的职业经验和资源都舍弃了，自然也就无法形成自己的核心能力。

许多"离成功只有一步之遥"的人，恰恰因为缺乏最后跨入成功门槛的勇气而功败垂成，这是他们为浅尝辄止所付出的沉重代价。

第五种人：消极怠慢的人

王峰毕业后在一家服装公司从事销售工作，虽然这与他当初的理想和目标相距甚远，但他没有消极悲观，他满怀热情并全心全意地投入自己的工作中。他把热情与活力带到了公司，传递给了客户，使每一个和他接触的人都能感受他的活力。正因为如此，尽管他才工作了一年，就被破格提升为销售部主管。

而同样很年轻的李远，也在短期内被提升为公司的管理层。有人问到他成功的秘诀时，他答道："在试用期内，我发现每天下班后其他人都走了，而老板却常常工作到深夜。我希望能够有更多的时间学习一些业务上的东西，就留在办公室里，同时给老板提供一些帮助。尽管没人这么要求我，而且我的行为还受到一些同事的议论，但我相信我是对的，并坚持了下来。长时间下来，我和老板配合得很好，他也渐渐习惯要我负责一些事……"

在很长一段时间里，李远并未因积极主动的工作而获取任何酬劳，可他学到了很多知识并获得了老板的赏识与信任，赢得了升职的机会。

大多数人并不像王峰和李远，他们常常以一种怠惰而被动的态度来对待自己的工作，在遇到问题时也不急于寻求解决之道。其实他们不是没有自己的理想，但很容易一遇困难就要放弃，他们缺少一种精神支柱，缺少克服困难、解决问题的主动性。

一个人在工作时所表现出来的精神面貌，不仅会对工作效率和工作质量有影响，而且对他品格的形成也有很大影响。不管你的工作和地位是如何的平凡，倘若你能够全心全意投入你的工作，就像艺术家投身于他的作品，那么所有的疲劳与懈怠都会消失。其实，我们在各行各业都有施展才华和升职的机会，关键要看你是不是以积极主动的态度来对待你的工作，以积极主动的态度来寻找解决问题的方法。

第六种人：畏惧问题的人

获得成功，谈何容易？这需要克服各种困难，解决各种问题。

可不是吗？好比赤手空拳去建立自己的王国，你要招揽人才，建立军队，开辟领地，确立制度，发展经济，治理国民，每一项工作都存在着许多困难和问题，需要你去克服解决。

不管你的王国是建立在哪种行业上，情形都是一样，当然，王国的规模愈大，问题就愈多、愈复杂。

在关键的地方无法解决问题，便会招致失败。即使这个问题解决了，又会有新问题出现。总之，在你面前，经常潜伏着失败的阴影。

胆怯的人，一想到要面对重重困难，想到失败的可怕，便会停下脚步，不敢往前走。结果，未起步的，永远停在原地；已起步的，就半途而废。

早领悟 早成功

巴顿将军有句名言："一个人的思想决定一个人的命运。"不敢向高难度的问题挑战，对问题束手无策，是对自己能力的否定，只能使自己无限的潜能化为有限的成就。只有勇于向问题挑战，才能获得成功。

第二章

方法比什么都重要

方法是解决问题的敲门砖

> 拿破仑·希尔曾说："你对了，整个世界就对了。"当你的工作或生活出现问题的时候，换一种方法，换一种思路，事情就会豁然开朗，因为，方法是完美解决问题的敲门砖，方法对了，一切问题就能够迎刃而解。

日本的火箭研制成功后，科学家选定 A 海岛做发射基地。经过长久的准备，进入可以实际发射的阶段时，A 岛的居民却群起反对火箭在此发射。于是全体技术人员总动员，反复地与岛上居民谈判、沟通以寻求他们的理解。可是，交涉却一直陷入泥淖状态，虽然最后终于说服了岛上的居民，可是前后却花费了 3 年的时间。

后来他们重新检讨这件事情时，发现火箭的发射基地并不是非 A 岛不可。当时只要把火箭运到别的地方，那么，3 年前早就完成发射了。可是此前，却从来没有人发现这个问题。当时他们太执着于如何说服岛民的问题上，所以才连"换个地方"这么简单而容易的方法都没有想到。

在我们的工作和生活中，类似的例子屡见不鲜。销售经理也经常对业务受挫的推销员说："再多跑几家客户！"上司常对拼命工作的下属说："再努力一些！"但是这些建议都有一个漏洞。就像有人曾经问一位高尔夫球高手："我是不是要多做练习？"高尔夫球高手却回答道："不，如果你不先把挥杆要领掌握好，再多的练习也没用。"

一个人之所以成功，很多时候并不是看他是否勤奋和努力，更多时候是看他能不能迅速地找到解决问题最简单的方法。

美国前总统罗斯福在参加总统竞选时，竞选办公室为他制作了一本宣传册，在这本册子里有罗斯福总统的相片和一些竞选信息，而且要马上将这些宣传册印刷出来。可就在要分发这些宣传册的前两天，突然传来消息说这本宣传册中的一张图片的版权出现了问题，他们无权使用，这张照片归某家照相馆所有。可是时间已经来不及了，可如果这样分发下去，将意味着一笔巨大的版权索赔费用。

一般情况下的做法是派人去这家照相馆协调，以最低的价格买下这张照片的版权。可是竞选办公室并没有这样做，他们通知该照相馆：总统竞选办公室将在他们制作的宣传册中放一幅罗斯福总统的照片，贵照相馆的一幅照片也在备选之列。由于有好几家照相馆都在候选名单中，所以竞选办公室决定借此机会进行拍卖，出价最高的照相馆会得到这次机会。如果贵馆感兴趣的话，可以在收到信后的两天内将投标寄出，否则将丧失竞价的机会。

结果，很快竞选办公室就收到这家照相馆的竞标和支票。这本来是一个应向对方付费的问题，由于找到了合适的方法，却变为对方付费的问题！

运用正确的方法，竞选办公室不仅解决了问题，而且还把问题变成了机会。法国物理学家朗之万在总结读书的经验与教训时深有体会地说："方法得当与否往往会主宰整个读书过程，它能将你托到成功的彼岸，也能将你拉入失败的深谷。"

英国著名的美学家博克说："有了正确的方法，你就能在茫茫的书海中采撷到斑斓多姿的贝壳。否则，就会像瞎子一样在黑暗中摸索一番之后仍然空手而回。"

这些话中所包含的道理并非仅仅指读书，生活中许多时候，方法是十分重要的。面对一个难题时，我们不仅需要良好的态度和精神，需要刻苦和勤奋，而且需要掌握科学的方法。

早领悟 早成功

许多成功者，他们都有一个共同的特点——开动智慧，寻找方法。因为他们知道，在这个世界上，唯有方法，才是完美解决问题的敲门砖。逃避问题的投机取巧者无法成功，不去寻找方法的偷懒者更是永远没有出头之日。

方法比勤奋更重要

> 阿基米德说过："给我一个支点，我可以撬动整个地球。"这个支点就是一个恰当的工具，就是我们解决问题的主要方法。如果方法得当，即使问题再棘手，也有解决的可能。相反，如果没有合适的方法，一味勤奋做事，只会浪费精力和资源，也不会获得什么好结果。

有的人做事毫无头绪，只注重宏观的效果，缺少对微观的把握，尽管从表面看来，他们也很勤奋，几乎天天在加班的行列里都能看到他们的身影，但结果总无法令人满意。

在一家国内知名的证券公司工作的小李，毕业于国外的一所金融学院，有着令人羡慕的教育经历，人生的天平似乎早早地倾斜在他这一边，他也是公司公认的勤奋员工。但是 3 年过去了，他仍然只是一名普通的职员，这是为什么呢？问题就在其工作方法上。

每一次领导布置一项任务时，小李都会以百分之百的热情投入工作，他会找到所有需要的数据进行分析，然后进行大量的统计工作。每天他都在不停地做着统计与分析，每当遇到一项复杂的数据时，他非要弄个明明白白不可。这种勤奋刻苦的精神是难能可贵的，可是效果如何呢？他似乎陷入了一种"分析陷阱"，不能自拔。随着时间一天天地过去，他并没有拿出一个切实可行的办法。

工作不同于学术研究，勤奋笃实的作风固然没错，但探究"为什么"远不如"什么对目前的工作有益"更重要。以错误的方法工作，直接导致了小李工作效率的低下，虽然消耗了大量精力，也花去了大把的时间，却没有取得应有的效果。

在我们身边经常有这样的情况发生：有的人工作很勤奋，每天都忙不停，但是由于工作方法不正确，效率很低，还常常加班加点来完成工作，工作绩效平平；有的人平时很少加班，工作方法正确，能用较少的时间来完成工作，绩效相当好。对于前者，或许最初上司会因为你的刻苦努力而欣赏你，但是长期下来，由于工作效果始终不佳，你的努力几乎等于白费。这是一个重视过程，更重视结果的年代，我们不仅要勤奋，更要用合理的方法做事。两只蚂蚁的故事就说明了这个道理。

有两只蚂蚁想翻越一段墙，到墙那头寻找食物。一只蚂蚁来到墙根就毫不犹豫地向上爬去，可是当它爬到大半时，就由于劳累、疲倦而跌落下来。可是它不气馁，一次次跌下来之后，又迅速地调整一下自己，重新开始向上爬去。另一只蚂蚁观察了一下，决定绕过墙去。很快，这只蚂蚁绕过墙找到食物，开始享受起来。第一只蚂蚁仍在不停地跌落中重新开始。

简单的故事却向我们昭示了一个深刻的道理：很多时候，方法比勤奋更重要。第一只蚂蚁毫不气馁的勇气值得我们借鉴，但是在不断努力、不断失败之后，我们是否该停下来想想，寻找一个更好的解决问题的方法，这样或许远比我们拥有勤奋的态度要来得有效。失败留给我们的不仅仅是要我们继续努力，更多的是经验教训，需要我们从中获得些什么，改善些什么。没有对失败的反思，总是一次次重复失败，只能是白费力气。

事物发展的速度除了取决于勤奋、坚持、勇敢以外，更需要正确的方法。也许有了一个正确的方法，发展的速度会来得比想象的更快。

当然，我们不能否认勤奋、毅力等品质对于解决问题和成功的重要性，但是在许多时候，一个好的方法能让你事半功倍，在勤奋同等的情况下获得突出的成绩。

爱因斯坦曾经提出过一个公式：$W = X+Y+Z$。这里，W 代表成功，X 代表勤奋，Z 代表不浪费时间、少说废话，Y 代表方法。从这个公式中我们可以知道，正确的方法是成功的三要素之一。如果只有勤奋刻苦的精神和脚踏实地的作风，而没有正确的方法，是不能取得成功的。成功需要的不仅仅是勤奋，也不单纯与花费的时间、精力成正比，同样需要方法。只有正确的方法才能提高解决问题的效率，才能保证成功！

早领悟　早成功

古语云："业精于勤，荒于嬉。"勤奋是一个人走向成功的必经之路，但光有勤奋是远远不够的。做事更重要的是寻找方法。真正聪明的人，善于在有限的条件中发现无限的机遇，借着问题，将工作上升到更高的层面，自己也可"一劳永逸"。

方法比敬业更重要

> 　　工作中，无论多干、少干，能够找对方法、出业绩的员工才是企业最需要的员工。在企业中最受重视的员工，并不是那些只知道忠诚敬业的员工，只有那些出成果、重成效的员工，才是最有发展前途的员工。

在美国企业中流传这样一句话："上帝不会奖励只知道努力工作、兢兢业业的人，而是会奖励找对方法工作的人。"一旦方法对路，工作中的难题也就容易解决，一个人的工作能力也就凸显出来了。

无论是世界 500 强企业，还是一般的民营企业，都会遇到这样的问题：员工缺乏创新意识，不会创造性地解决问题；员工只知道一味地苦干，而不知道怎样提高工作效能；员工只知道完成任务，不懂得做企业发展真正需要的事……造成这些问题的根源就在于方法上的缺失。员工在思想上只重视行动而忽略方法，只注重苦干不注重效能。方法是提升工作效能的关键，很多人工作业绩不理想并不是因为他们不勤奋、不敬业，而是因为没有找到正确的方法。

一天，日本有名的琴师铃木被邀到一个琴厂去讲演。厂长说："我的员工并不是不敬业，但说实在的，厂里有 30 人左右手指尖反应太慢，工作效率极低，您能帮忙想想办法吗？"铃木略加思考后，建议工人们每天提前 1 小时下班去打乒乓球。半年以后，厂长给铃木寄去了感谢信，说工人们的工作效率大大提高了，真是太感谢了！

铃木的建议之所以成功，是因为他发现了一条永恒的真理：提升员工的工作效能，使他们达到卓越工作的最佳境界，中间必不可少方法的"酵母"作用。打乒乓球可以锻炼身体和头脑同时协调工作，用手指尖劳动的员工经过不懈的训练后，自然有利于上班时"手快起来"。由此可见，勤奋和敬业并不能保证良好的工作业绩，找对方法才是提升工作绩效的关键。

联想集团有个很有名的理念："不重过程重结果，不重苦劳重功劳。"这是写在《联想文化手册》中的核心理念之一。在这个手册中，还明确记录道：这个理念，是联想公司成立半年之后，开始格外强调的。联想为什么会着重强调这一理念呢？原来这一理念的提出源自联想的创始人柳传志早年刚刚创建联想的一段经历。

联想刚刚成立时，只有几十万元，却由于过于轻信他人，被人骗走了一大半资金，使公司元气大伤。毫无疑问，刚刚创业时候的联想，大家都很有干劲和热情，很有一种敬业的精神。但是，光有干劲和热情，光有敬业的精神，并不能保证财富增加与事业的成功。不仅如此，商场如战场，光有善良、热情、好心等品质，如果缺乏智慧和方法，完全可能给企业造成巨大的损失！

吸收了这一教训，联想后来做事不仅越来越冷静、踏实，而且特别重视策略、方法。联想自成立至今，它已经从几个下海的知识分子的公司，变为了一家享誉海内外的高科技公司。它之所以有这样大的发展，毫无疑问与这个核心理念密切相关。

我们经常听到某些人讲："没有功劳也有苦劳。"苦劳固然使人感动，但是在市场经济体制下，只有那些做出实际业绩，能够为企业创造实实在在业绩的人才能够赢得公司的青睐，才能够获得更好的发展。

一位曾在外企供职多年的人力资源总监颇有感触地说："所有企业的管理者和老板，只认一样东西，就是业绩。老板给我高薪，凭什么呢？最根本的就要看我所做的事情，能在市场上产生多大的业绩。"现在就是一个以业绩论英雄的时代，业绩是衡量人才的唯一标准。

不管你的能力如何，不管你是否敬业，你想在公司里成长、发展、实现自己的目标，需要有业绩来保证你实现你的梦想。只要你能创造业绩，不管在什么公司你都能得到老板的器重，得到晋升的机会，因为你创造的业绩是公司发展的决定性条件。而要创造出良好的业绩，只是单纯的敬业是不够的，关键是你要找到正确的方法。

业绩至上，方法至上。仅仅会埋头苦干、不问绩效的"老黄牛"的时代已经过去了，企业更需要能插上效益翅膀的"老黄牛"。

早领悟　早成功

一个优秀的员工之所以优秀，很多时候并不是看他是否敬业，更多时候是看他能不能迅速地找到解决问题最轻松的方法。如果说敬业的精神是走向成功的基础，那么，有效的方法则更像一个助推器，把你自己推到上司面前。如果你有一天得到了升迁，你应该自豪地对自己说："我掌握了命运，这都是我善于寻找方法的结果。"

第三章

方法总比问题多

发现问题才有解决之道

纵观古今中外的名人，不管是自然科学家还是社会科学家，是政治家还是外交家，是哲学家还是数学家，几乎都是善于思考、观察、发现和提出问题，或是善于在他人发现的基础上提出问题并找出解决方法而获得成功的人。

爱因斯坦说："发现问题，提出问题，比解决问题更重要……因为解决问题也许仅是一个数学上或实验上的技能而已，而提出新的问题、发现新的可能性，从新的角度去看旧的问题，都需要有创造性的想象力，而且标志着科学的真正进步。"

的确，解决问题的能力很重要，对于个人或是事物的发展和成功都是必不可少的。但发现问题并不比解决问题逊色，有时甚至比解决问题来得更重要。

解决问题是个人能力的综合，而发现问题更是个人水平的体现。无法创造性地使用知识，无法发现问题，那是毫无用处的，而且往往很容易让我们陷入问题所带来的困境。唯一让我们不陷入问题所带来的困境中的方法，就是主动寻找问题。成功需要人们寻找解决问题的方法，但成功更需要我们有超越他人的发现问题的能力。"电话之父"贝尔的成长经历就是一个很好的例子。

贝尔原是语音学教授，一天他在家修理电器时偶然发现，当电流接通或截断时，螺旋线圈会发出噪音。于是他想，是否能以电传送语音甚至发明电话？

这一设想一提出，立即遭到许多人的讥笑，说他不懂电学才会有如此奇怪的想法。贝尔的确一点也不懂电学，但他并没有放弃，而是千里迢迢前往华盛顿，向美国著名的物理学家、电学专家约瑟夫·亨利请教。亨利对他的想法给予了充分肯定，并鼓励贝尔去学习电学知识。

亨利的肯定对贝尔产生了很大的影响，他辞去了教授职务，一心扎入发明电话的试验中。他刻苦用功地学习着电学知识。两年后，世界上第一部电话，由贝尔试验成功。

为何电话不是由那些懂得电学知识的专家，而是由一个语音学家发明的？只因为他善于发现问题，使他比别人更快地找到了"市场的标靶"和可以奋斗的目标。而相关知识，即使一时不具备，也可以去学。

一个人具有某方面的能力是很重要的。但真正要想获得成功，必须具备捕捉问题的能力。

当然，发现问题并不等于是解决了问题，我们也并不期许所有的问题被解决时，就是完善的、完美的。问题的解决有待社会的发展、个人能力的提高。但是不可否认，有了发现才能有所认识，提出问题才可能解决问题，发现问题是解决问题的第一步，也是重要的一步。

4000多年前，我们的祖先黄帝发现了"磁石"可指南的现象，因而设计了"指南车"，并用于战争；哥白尼发现了"地心说"的谬误而提出了"日心论"的科学假设；马克思发现了"资本的剩余价值"而提出了"科学社会主义"的构想；爱因斯坦12岁时就提出"假如我以光速追随一条光线的运动，那会看到什么现象"，这个问题最终成为他一生为之奋斗的目标，并获得巨大的成功……

创造奇迹的关键，在于具备一双发现的眼睛。生活需要发现的眼睛，问题需要发现的眼睛。许多伟大的发明和创造都是从不经意地发现开始，难题的解决也基于它本身的发现，或许只是一个简单的想法，一个美丽的假设。

但正是因为问题的发现，它才得到了关注和认识，才有了解决的可能。

早领悟 早成功

有句话说：生活不是缺少美，而是缺少发现美的眼睛。将这句话运用到问题的解决上，也同样适用。发现问题是解决问题的首要前提，问题出现了，如果你发现不了，又何谈解决之道呢？只有拥有一双善于发现的眼睛，你才能认识到问题的症结所在，从而有针对性地寻找应对之策，将问题解决掉。

不只一条路通向成功

解决问题的方法并不是唯一的，当我们一次次的失败之后，不妨改变一下角度，从别处综观整个问题的概貌，或许能找到一条捷径，找到另一种更有效的方法。

在生活中，我们不可能总是一帆风顺，做任何事情都能获得成功。当一条路已经走不通时，如果还继续坚持，那就是走入了死胡同。此时，积极思考、大胆开拓新的道路，将会给你带来意想不到的成功与收获。物质和知识的贫穷不是最可怕的，最可怕的是想象力和创造力的贫穷。随着生活的发展，很多事物都在发展变化。如果你能够随着时代的发展而发展，寻找多条通往成功的道路，你就会永远立于不败之地。

在现实中，有许多问题、情况是我们过去遇到过或是别人遇到过的，所以我们习惯按照既定的方法或常规的思路去解决。不错，经验的确能帮助我们省去许多麻烦，但是同样也会让我们走入一种思维定式，让我们忘记，其实有许多方法都能解决问题，甚至有的方法更快更好，只是因为我们不熟悉，没有采用过，只是因为我们习惯于用某种思路或方法解决困难，所以我们固执地认为除了这种方法，根本无他路可走。

但事实真是如此吗？许多情况下，解决问题的方法并非只有一种，就如同通往罗马的路不只一条一样。我们没有找到另一条路，是因为我们尚未发现它，而并非它不存在。下面的故事就会给我们新的启迪。

物理学家甲、工程学家乙和画家丙三个人讨论谁的智商高。他们互不服气，最后决定通过一场比赛来评判三人的智力水平。

主考官把他们领到一座塔下，并给了他们每人一只气压表，让他们依靠气压表，得到这座塔的高度。原则是：只要达到目的，什么方法都可以，但创造性最强的为胜。

比试的这三人，职业不同，知识结构也不同，各人用的方法自然也各不相同。

乙尤其高兴，也觉得这对他来说再简单不过了，于是他很快站出来，在塔底测量了大气气压，登上塔顶又测量了一次气压，得到塔底和塔顶气压的差值，再根据每升高 12 米气压下降 1 毫米汞柱的公式，计算出塔的高度。他自己觉得，这是一份最准确的答卷。

甲不慌不忙地登上塔顶，探出身来，看着手表的秒针，轻轻松手让气压表自由落下，准确记录了气压表落到地面所需的时间，再根据自由落体公式，算出塔的高度。他很得意，这个方法很不错，所得结论与塔的实际高度不会相差太远。

最后轮到丙，这可难住他了。他既没有甲的学识，又没有乙的经验，科学办法他拿不出来，眼前几乎是一个"绝境"。不过，他很镇定。没有科学条件是劣势，但没有思维定式则是优势，这就为他提供了更大的选择空间。丙想，没有正路就走偏路，反正能达到目的就是胜利。他发挥想象力，对各种可能的方法搜寻了一番，禁不住笑了起来，因为办法太简单了：他将气压表送给看守宝塔的人——作为交换条件，让守塔人到储藏间把塔的设计图找出来。就这样，画家得到了图纸，拂去设计图上的灰尘，很快得到了塔的精确高度。

比赛的结果可想而知，自然是画家丙获得了最后的胜利。

画家虽然没有物理学方面的知识，也没有工程学方面的知识，但他却能在看似无计可施的情况下，撇开原先的想法，将目光投向图纸，这是一种新发现，一种创新思维，他找到了塔的高度的精确答案。

"条条大路通罗马"，没有什么问题的解题方式一定是唯一的。如果此路不通，那么可以适时地转换思路和方法，转走他路，往往能得到意想不到的效果。

那些胸怀抱负、渴望成功的人，都会为他们的人生做一番规划。他们制订详细的步骤、严谨的计划，坚持按照自己的计划努力，并相信只有这样才能确保成功。当他们在实施计划的过程中遇到挫折或不可避免的变化时，就会像很多书籍所鼓励的那样：坚持！再坚持！却不会发挥自己的想象力和创造力，开发另一条通往成功的道路。在他们一再遭受挫折与失败后，不禁心灰意冷，沮丧失望，哀叹时运的不济、命运的不公。他们不知道：通向成功的路不只一条。

早领悟 早成功

在人生的旅途中，总会有一些困难挡住我们前进的脚步，这个时候我们便会告诉自己坚持下去，不要放弃，终会获得成功。其实，很多时候，放弃恰恰是成功的开始。因为，通向成功的路不只一条，没必要一条路走到黑，头碰南墙才回头。放弃最初选择并不意味着背叛了自己，放弃无可挽回的事情并不说明你的人生从此暗淡无光。放弃，是为了更好地得到，只有果断放弃，才能把握更多。

变通地运用方法解决问题

在善于变通地运用方法解决问题的人的世界里，不存在困难这样的字眼。再顽固的荆棘，也会被他们用变通的方法拔根而起。他们相信，凡事必有方法可以解决，而且能够解决得很完美。事实也一再证明，看似极其困难的事情，只要变通地运用方法，必定会有所突破。

《围炉夜话》中说："为人循矩度，而不见精神，则登场之傀儡也；做事守章程，而不知权变，则依样之葫芦也。"一个卓越的人必是善于变通地运用方法解决问题的人。当他发现一条路不通或太挤时，就会及时转换思路，改变方法，寻求一条更为通畅的路。

一流之人善于变通，末流之人故步自封。凡能变通地运用方法解决问题的人，都是能够主动创新的人，也是最受欢迎的人。凡世间取得卓越成就之人无不深知变通之理，无不熟谙变通之术。

刘继明曾是一家能源公司的业务员。当时公司最大的问题是如何讨账。公司的产品不错，销路也不错，但产品销出去后，总是无法及时收到货款。

有一位客户，买了公司30万元产品，但总是以各种理由迟迟不肯付款，公司派了三批人去讨账，都没能拿到货款。当时刘继明刚到公司上班不久，就和另外一位姓张的员工一起，被派去讨账。他们想尽了各种方法，最后，终于在3天之后，收到了那笔30万元的现金支票。

他们拿着支票到银行取钱，希望能够立刻换得现款，结果却被告知，账上只有299900元。很明显，这是那个客户故意刁难他们的小动作，给的是一张无法兑现的支票。第二天就要放年假了，如果不及时拿到钱，不知又要拖到什么时候。

遇到这种情况，小张当下就想冲回客户公司大吵一架，但是刘继明为人聪明，他突然灵机一动，主动拿出100元钱，让小张存到客户公司的账户里去。这一来，账户里就有了30万元，他立即将支票兑了现。

当他带着这30万元回到公司后，董事长对他大加赞赏。之后，他在公司不断发展，3年之后当上了公司的副总经理，后来又当上了总经理。

显然，在这个故事中，因为刘继明的智慧，一个看似难以解决的问题迎刃而解了，因为他总是变通地运用方法解决问题，才得以获得不凡的业绩，并得到公司的重用。

随着社会的发展，变通地运用方法解决问题越来越显得重要，也越来越被人们所认识。只有善于变通、勤于寻找方法的人在社会上才具有更大的价值，才是社会最需要的人。

早领悟　早成功

天下最柔弱的莫过于水，但水却能够改变自己，它能随着客观情况的变化而变化。正因如此，水能攻克任何坚硬的东西。它可以滴水穿石，它可以让钢刀生锈，可以摧毁一切阻碍它的东西。所以，坚硬和刚强都不是永恒的，只有变通才是永恒。

第四章

卓越者必是找方法之人

想办法才会有办法

> 有些问题的确非常棘手，想了许多办法仍无法解决。于是有人便认为"已是极限"，或是"已经尽力"，再去努力也是白搭。当你真正经过一番努力奋斗后，你就知道所谓"难"，其实只是自己的"心灵桎梏"。只要不断努力，你的能力会越来越大。

做事情，既要勤奋刻苦，也要开动脑筋想办法。愚者喜欢速决：他们不顾障碍，行事鲁莽，干什么事都急匆匆的；有时候尽管判断正确，却又因为疏忽或办事缺乏效率而出错；在遇到难题的时候，不是积极主动地寻找方法，而是默默地待在那里等待时间去解决。

但是智者却不会这样，他们一生都在想方设法开动脑筋，积极寻找新的方法，解决了很多被愚者认为是根本解决不了的问题。

稻盛和夫被日本经济界誉为"经营之圣"。他所创办的京都陶瓷公司，是日本最著名的高科技公司之一。该公司刚创办不久，就接到著名的松下电子的显像管零件U形绝缘体的订单。这笔订单对于京都陶瓷公司的意义非同一般。

但是，与松下做生意绝非易事，商界对松下电子公司的评价是："松下电子会把你尾巴上的毛拔光。"

对新创办的京都陶瓷公司，松下电子虽然看中其产品质量好，给了他们供货的机会，但在价钱上却一点都不含糊，且年年都要求降价。

对此，京都陶瓷有一些人很灰心，因为他们认为：我们已经尽力了，再也没有潜力可挖了。再这样做下去的话，根本无利可图，不如干脆放弃算了。但是，稻盛和夫认为：松下出的难题，确实很难解决，但是，屈服于困难，也许是给自己未足够的挖潜找借口，只有积极主动地想办法，才能最终找到解决之道。

于是，经过再三摸索，公司创立了一种名叫"变形虫经营"的管理方式。其具体做法是将公司分为一个个的"变形虫"小组，作为最基层的独立核算单位，将降低成本的责任落实到每一个人的身上。即使是一个负责打包的员工，也要知道用于打包的绳子原价是多少，明白浪费一根绳会造成多大的损失。这样一来，公司的运营成本大大降低，即便是在满足松下电子苛刻的条件下，利润也甚为可观。

方法大师吴甘霖先生在讲座中经常提及发生在自己身上的一个故事：一次公司放年假前，吴先生准备给每位员工的母亲买份礼物，于是，走进了公司附近一家著名药店的分店。

经过左挑右选，吴先生看中了一种补血剂。

没想到店员告诉他，产品只剩下两盒了，离他要求的数量还差很多。"能不能到总部进点货？"他跟店员商量。店员回答说：那得等 3 天以后，因为第一天报上去，第二天才能够到仓库，第三天才能送货。

可员工们下午就要回家探亲了。吴先生着急地问："能不能快一点呢？"

店员们都摇头。

这时吴先生有点生气了："你们的药店是有多年历史的老店，很有信誉，现在顾客急着要货。你们怎么就不能想想办法？"

从店员们的表情来看，这话起作用了。于是吴先生又鼓励他们："想想办法吧，一定能解决的。"

吴先生和他们一起探讨了还有没有其他的可能性。这时，一位姓王的女店员说："我们可以试试给附近的其他分店打个电话，看他们有没有货。如果有的话，我们先向他们借，3 天后再还。"

大家都觉得主意不错。姓王的女店员很快到里屋打电话去了。不久，她满脸笑容地出来了，说："先生，我刚才给附近一些分店打过电话了，他们的存货也都不多，但几家凑起来还是够的，请您先到我们楼上的办公室等一下，我马上过去帮您取。"

问题就这样迎刃而解了。虽然这是件小事，但也充分说明：只要想办法，就一定有办法。

早领悟 早成功

想办法是有办法的前提条件。在面对问题时，如果不积极思考，努力寻找应对之策，那么，即使你是一名天才，面对问题，你仍会一筹莫展。人的智力提高是一个逐步的过程，只要你能够战胜对问题的畏惧感，并下决心去努力，你就能够越来越容易地找到解决问题的方法。

方法就在你自己身上

解决问题的关键不仅在于问题本身，更在于我们有没有解开自己的心结，在于我们有没有用心去"想"。

不怕问题困难，就怕不想。就好像一把钥匙开一把锁，每一个问题都会有解决的办法，而这把解决问题的钥匙，就在我们自己身上。

王明在一家广告公司做创意文案。一次，一个著名的洗衣粉制造商委托王明所在的公司做广告宣传，负责这个广告创意的好几位文案创意人员拿出的东西都不能令制造商满意。没办法，经理让王明把手中的事务先搁置几天，专心完成这个创意文案。

连着几天，王明在办公室里抚弄着一整袋的洗衣粉在想："这个产品在市场上已经非常畅销了，以前的许多广告词也非常富有创意。那么，我该怎么下手才能重新找到一个切入点，做出既与众不同、又令人满意的广告创意呢？"

有一天，他在苦思之余，把手中的洗衣粉袋放在办公桌上，又翻来覆去地看了几遍，突然间灵光闪现，他想把这袋洗衣粉打开看一看。于是他找了一张报纸铺在桌面上，然后，撕开洗衣粉袋，倒出了一些洗衣粉，一边用手揉搓着这些粉末，一边轻轻嗅着它的味道，寻找感觉。

突然，在射进办公室的阳光下，他发现了洗衣粉的粉末间遍布着一些特别微小的蓝色晶体。审视了一番后，证实的确不是自己看花了眼，他便立刻起身，亲自跑到制造商那儿问这到底是什么东西。他被告知这些蓝色小晶体是一些"活力去污因子"，因为有了它们，这一次新推出的洗衣粉才具有了超强洁白的效果。

了解了这个情况后，王明回去便从这一点下手，绞尽脑汁，寻找到最好的广告创意，因此推出了非常成功的广告。

王明的例子给我们这样一个启示：解决问题的关键不在于问题本身，更在于我们没有解开自己的心结，在于我们没有用心去"想"。在美国也有这样的故事。

在美国，有一位年轻的铁路邮务生叫佛尔，他曾经和其他邮务生一样，用传统的方法分发信件，结果使许多信件被耽误几天或几周之久。

佛尔不满意这种现状，并想尽办法要改变它。很快，他发明了一种把信件集合寄递的办法，极大地提高了信件的投递速度。

鉴于他对邮电局的贡献，领导很快提升了他的职位。

是的，当谁都认为工作只需要按部就班做下去的时候，偏偏总有一些优秀的人，会找到更有效的方法，将效率大大提高，将问题解决得更完美！正因为他们有这种"找方法"的意识和能力，所以他们以最快的速度得到了认可！

"与其诅咒黑暗，不如点起一支蜡烛。"这句话是克里斯托弗斯的座右铭，它也应当成为指导我们工作和生活的一条准则。诅咒和抱怨，并不能解决问题，黑暗和恐惧仍然存在，而且还会因为人们的逃避和夸大而增加解决的难度。

然而，如果我们果断地采取行动，及时寻找解决问题的办法，哪怕我们只做了一点点努力，也会使我们朝着克服困难、解决问题的方向迈进一步。同时，我们还可能在积极努力的过程中寻找到不同的、更便捷的解决问题的方式，因为解决问题的方法就在我们自己身上。

早领悟 早成功

有的人看见了问题，只知道抱怨，结果自己也成为这个问题的一部分。而有的人看见了问题便想方设法寻找解决之道，结果让自己成为问题的主宰。你是要勇于解决问题，寻找解决问题的方法，让自己成为问题的主宰，还是向问题妥协，让自己成为问题的一部分，其决定权完全在你手中。

找对方法，问题迎刃而解

同样的工作采用不同的方法，所取得的效果是不一样的。可见，工作中方法比什么都重要。很多人工作很努力，业绩却并不太理想，其中最主要的原因就是因为他们没有找到正确的方法。

王琰和李然在同一家公司上班，在同一办公室里做着相同的工作。这天，她们面临着同样的事情：

1. 给分公司打电话，并答复他们的询问。

2. 做出下季度的部门工作计划，第二天上午交给上司。

3. 约见一个重要的客户。

4. 11：30去机场接许多年没见面的高中同学，并送她到酒店里。

5. 要去一趟医院，诊治花粉过敏症。

6. 去银行办理相关的手续。

7. 下班后和先生约会，因为今天是个纪念日。

先看王琰是怎么做的：

因为前一天晚上睡晚了，所以王琰早晨起床有些迟，她匆忙打车到公司，还是迟到了5分钟。一进办公室的门就听到电话响，是上司提醒她明天一上班就要交计划书。

她打开电脑，上网到自己的信箱里，开始一一回复客户和公司的邮件，不停地打电话答复分公司的问询。最后一个电话结束，已经11点了。向上司告假一小会儿，匆匆赶到机场，还好刚过 10 分钟，打同学的手机看看，原来是飞机晚点。12 点见到同学，送到酒店，一起吃饭。这顿饭有点心不在焉，因为 14：30 要和客户见面，所以一边吃饭一边打电话和客户约定地点。14 点跟同学告别，赶到约定地点。因为花粉过敏，和客户约见的时候一个劲儿打喷嚏，连说 sorry，非常狼狈。回到公司，刚刚坐定，想写工作计划，银行打电话来催了。赶到银行，银行突然需加一份文件，气得她跟银行工作人员理论了半天，又返回公司。这时差一个小时就下班了，她觉得太累了，不想再写那份计划书了，先给同学打了一个电话，聊聊天感觉好了许多。放下电话，看到满桌堆着的文件，忽然觉得特烦，决定整理已拖了几个星期的文件。整理完文件，已经到了下班时间。18：00 跟老公约会，一起吃晚饭庆祝纪念日，有点累，不断打哈欠。回到家，老公休息了，她却不得不泡了一杯浓浓的咖啡，坐在电脑前，继续完成工作计划。

看了王琰忙乱的一天，我们再来看看李然是怎么做的：

李然在前一天晚 纤　跚熬桶呀裉煲　觑闹匾　氖虑樵谀院@锏　　一遍。准时上班后，开始打电话。先给各分公司打电话，请他们将相关材料通过电子邮件传送过来，并且告知上午不再接受他们的其他询问，下午她会给予答复。然后给客户打电话约时间、地点，将客户约见地点安排在同学预订酒店的楼下咖啡店里。再给机场打电话，确定班机到达时间。最后给银行打电话，确定相关手续及要准备的材料。打完电话后，抓紧写工作计划，因为前一周已经零星写得差不多了，所以很快完成，并传给上司。中间除了几个要接的电话，其他工作全部暂停。11 点离开公司时顺便拿上了到银行的所有资料。因为知道飞机晚点半小时，所以先去医院看花粉过敏症。从医院出来，直接到机场接同学，在酒店吃了一个快乐的怀旧午餐，然后直接到旁边的咖啡店和客户谈事情。去银行办完手续后，回到公司，将上午各分公司的事务集中处理完结。17：30，接到老公打来的电话，到洗手间把自己重新打扮一番，漂漂亮亮地跟老公约会，过了一个有情调的纪念日。

同样的工作，采用不同的方法，所取得的效果是不一样的。因此，要想快速高效地解决问题，实现组织和个人的目标，方法就比什么都重要。如果方法不对，结果就只能是费力不讨好。因此，找对方法是高效解决问题的关键。这是任何组织能够成为行业领先者并获得持续增长的核心原则，也是任何个人要取得突出业绩与卓越成就的关键因素。

早领悟 早成功

英国著名科学家达尔文说："世界上最有价值的知识就是关于方法的知识。避开问题的最佳途径，便是运用方法将他解决掉。"在生活和工作中，我们之所以会说问题很难，一个重要原因，就是我们没有尽最大努力找对方法。其实，当你真正经过一番努力奋斗，就会知道所谓的"难"，其实只是你自己的"心灵桎梏"。只要不断努力，找对方法，你会发现问题已经在弹指间被巧妙化解。

问题在发展，方法要更新

方法是需要不断更新的，对于同样的问题，随着时代和科技的进步，我们采用的解决方法也越来越科学。今天是最佳的方法，并不代表永远是最佳的方法，我们必须树立一种与时俱进的态度，不断学习，不断更新，永远追求更好的方法。

时代在前进，人们所掌握的知识越来越多，许多过去我们无法给出答案或是给出了错误答案的一系列问题，在今天都已不再是难题。既然问题在不断变化，人们掌握的东西也在不断发展，那方法也必定是在不断更新的。

1928年的暑假，天气格外闷热，英国伦敦赖特研究中心的弗莱明医生心情异常烦躁，他胡乱放下手中的实验，准备去郊外避暑。实验台上的器皿杂乱无章地放着，这在一向细心的弗莱明20多年的科研生涯中还是第一次。

9月初，天气渐凉。弗莱明回到了实验室。一进门，他习惯性地来到工作台前，看看那些盛有培养液的培养皿。望着已经发霉长毛的培养皿，他后悔在度假前没把它们收拾好，但是一只长了一团团青绿色霉花的培养皿却引起了弗莱明的注意，他觉得这只被污染了的培养皿有些不同寻常。

他走到窗前，对着亮光，发现了一个奇特的现象：在霉花的周围出现了一圈空白，原先生长旺盛的葡萄球菌不见了。会不会是这些葡萄球菌被某种真菌杀死了呢？弗莱明抑制住内心的惊喜，急忙把这只培养皿放到显微镜下观察，发现霉花周围的葡萄球菌果然全部死掉了！

于是，弗莱明特地将这些青绿色的真菌培养了许多，然后把过滤过的培养液滴到葡萄球菌中去。奇迹出现了：几小时内，葡萄球菌全部死亡！他又把培养液稀释10倍、100倍……直至800倍，逐一滴到葡萄球菌中，观察它们的杀菌效果，结果表明，它们均能将葡萄球菌全部杀死。

进一步的动物实验表明，这种真菌对细菌有相当大的毒性，而对白细胞却没有丝毫影响，就是说它对动物是无害的。

一天，弗莱明的妻子因手被玻璃划伤而开始化脓，肿痛得很厉害——这无疑是感染了细菌。弗莱明看着妻子红肿的手背，取来一根玻璃棒，蘸了些实验用的真菌培养液。第二天，妻子兴奋地跑来告诉弗莱明："亲爱的，您的药真灵！瞧，我的手背好了。您用的是什么灵丹妙药啊？"望着妻子消尽了红肿的手背，弗莱明高兴地说："我给它命名为盘尼西林（青霉素）！"

现实中，每天都会产生出许多新问题，也会发现许多新方法。在青霉素发明之前，人们遇到细菌感染问题采用的是另一类方法，而在青霉素被发现之后，细菌感染的问题有了新的也是更有效的解决方法。

再举一个简单的例子。大家在电视剧里看到古代常用一种"滴血认亲"的方式来判断两者的亲属关系。我们姑且不论这个方法是否科学，但随着科技的日新月异，要解决这个问题，已经不再采用古老的方法，而改用全新的科学技术，进行DNA对比。它们解决的是同一个问题，却是用了不同的方法。由于古代科学技术的限制，我们不可能要求他们能运用当今的科技。同样，因为新技术的诞生，旧的方法也被新技术所取代。

早领悟　早成功

亨利·福特说："任何停止学习的人都已经进入老年，无论他在20岁还是80岁；坚持学习的人则永葆青春。"一个孩子不可能在学习时期把一生所需要的知识都学到手。时代的发展向我们重申了必须"活到老，学到老"的道理。这就需要我们不断吸取新知识、新观念，做到随着时代的发展而不断更新我们的思维。

第五章

只为成功找方法，
不为问题找借口

借口是失败的温床

借口是失败的温床。有些人在遇到困境，或者没有按时完成任务时，都试图找出一些借口来为自己辩护，安慰自己，总想让自己轻松些、舒服些。在一个公司里，老板要的是勤奋敬业、不折不扣、认真执行任务的员工。如果一个员工经常迟到早退，对工作马马虎虎，还不时找借口说自己很忙，那么这样的员工是不会赢得老板信任和同事尊重的。

在日常生活中，我们经常会听到这样一些借口：上班迟到，会说"路上塞车"；任务完不成，会说"任务量太大"；工作状态不好，会说"心情欠佳"……我们缺少很多东西，唯独不缺的好像就是借口。

殊不知，这些看似不重要的借口却为你埋下了失败的基石。借口让你获得了暂时的原谅和安慰，可是，久而久之，你却丧失了让自己改进的动力和前进的信心，只能在一个个借口中滑向失败的深渊。

刚毕业的女大学生刘闪，由于学识不错，形象也很好，所以很快被一家大公司录用。

刚开始上班时大家对刘闪印象还不错，但没过几天，她就开始迟到早退，领导几次向她提出警告，她总是找这样或那样的借口来解释。

一天，老总安排她到北京大学送材料，要跑三个地方，结果她仅仅跑了一个就回来了。老总问她怎么回事，她解释说："北大好大啊。我在传达室问了几次，才问到一个地方。"

老总生气了："这三个单位都是北大著名的单位，你跑了一下午，怎么会只找到这一个单位呢？"

她急着辩解："我真的去找了，不信你去问传达室的人！"

老总心里更有气了："我去问传达室干什么？你自己没有找到单位，还叫老总去核实，这是什么话？"

其他员工也好心地帮她出主意：你可以打北大的总机问问三个单位的电话，然后分别联系，问好具体怎么走再去。你不是找到其中的一个单位吗？你可以向他们询问其他两家怎么走。你还可以进去之后，问老师和学生……

谁知她一点也不领会同事的好心，反而气鼓鼓地说："反正我已经尽力了……"

就在这一瞬间，老总下了辞退她的决心：既然这已经是你尽力之后达到的水平，想必你也不会有更高的水平了。那么只好请你离开公司了！

虽然刘闪的举动让很多人难以理解，但像这种遇到问题不去想办法解决而是找借口推诿的人，在生活中并不少见。而他们的命运也显而易见——凡事找借口的人，在社会上绝对站不稳脚跟。

早领悟　早成功

美国成功学家格兰特纳说过这样一段话："如果你有自己系鞋带的能力，你就有上天摘星的机会！让我们改变对借口的态度，把寻找借口的时间和精力用到努力工作中来。因为工作中没有借口，人生中没有借口，失败没有借口，成功也不属于那些寻找借口的人！"

找了借口，就不再找方法了

平庸的人之所以平庸，是因为他们总是找出种种理由来欺骗自己。而成功的人，会想尽一切方法来解决困难，而绝不找半点借口让自己退缩。没有任何借口，是每个成功者走向成功的通行证。

任何一个社会似乎都存在两种人：成功者和失败者。根据二八法则，20%的人掌握着社会中80%的财富。什么原因让少数人比多数人更有力量？因为多数人都在找借口。20和80的区别在于：一种是不找借口只找方法的人，另一种是不找方法只找借口的人。而前一种人往往是成功者，后一种人往往是失败者。

须知，成功也是一种态度，整日找借口的人是很难获得成功的。你尽可以悲伤、沮丧、失望、满腹牢骚，尽可以每天为自己的失意找到一千一万个借口，但结果是你自己毫无幸福的感受可言。你需要找到方法走向成功，而不要总把失败归于别人或外在的条件。因为成功的人永远在寻找方法，失败的人永远在寻找借口，而一旦你找了借口，就不会冥思苦想地去寻找方法了，而不找方法，你就很难走向成功。

有一家名叫凯旋的天线公司，有一天总裁来到营销部，让员工们针对天线的营销工作各抒己见，畅所欲言。

营销部李部长耷拉着脑袋叹息说："人家的天线三天两头在电视上打广告，我们公司的产品毫无知名度，我看这库存的天线真够呛。"部里的其他人也随声附和。

总裁脸上布满阴霾，扫视了大伙儿一圈后，把目光驻留在进公司不久的大刘身上。总裁走到他面前，让他说说对公司营销工作的看法。

大刘直言不讳地对公司的营销工作存在的弊端提出了个人意见。总裁认真地听着，不时嘱咐秘书把要点记下来。

大刘告诉总裁，他的家乡有十几家各类天线生产企业，唯有001天线在全国知名度最高，品牌最响，其余的都是几十人或上百人的小规模天线生产企业，但无一例外都有自己的品牌，有两家小公司甚至把大幅广告做到001

集团的对面墙壁上，敢与知名品牌竞争。

总裁静静地听着，挥挥手示意大刘继续讲下去。

大刘接着说："我们公司的天线今不如昔，原因颇多，但总结起来或许是我们的销售策略和市场定位不对。"

这时候，营销部李部长对大刘的这些似乎暗示了他们工作无能的话表示了愠色，并不时向大刘投来警告的一瞥，最后不无讽刺地说："你这是书生意气，只会纸上谈兵，尽讲些空道理。现在全国都在普及有线电视，天线的滞销是大环境造成的。你以为你真能把冰推销给因纽特人？"

李部长的话使营销部所有人的目光都射向大刘，有的还互相窃窃私语。李部长不等大刘"还击"，便不由分说地将了他一军："公司在甘肃那边还有 5000 套库存，你有本事推销出去，我的位置让你坐。"

大刘朗声说道："现在全国都在搞西部开发建设，我就不信质优价廉的产品连人家小天线厂也不如，偌大的甘肃难道连区区 5000 套天线也推销不出去？"

几天后，大刘风尘仆仆地赶到了甘肃省兰州市中兴大厦。大厦老总一见面就向他大倒苦水，说他们厂的天线知名度太低，一年多来仅仅卖掉了百来套，还有 4000 多套在各家分店积压着，并建议大刘去其他商场推销看看。

接下来，大刘跑遍了兰州几个规模较大的商场，有的即使是代销也没有回旋余地，因此几天下来毫无建树。

正当沮丧之际，某报上一则读者来信引起了大刘的关注，信上说那儿的一个农场由于地理位置的关系，买的彩电都成了聋子的耳朵——摆设。

看到这则消息，大刘如获至宝，当即带上 10 来套天线样品，几经周折才打听到那个离兰州有 100 多公里的天运农场。信是农场场长写的，他告诉大刘，这里夏季雷电较多，以前常有彩电被雷电击毁，不少天线生产厂家也派人来查，都知道问题出在天线上，可查来查去没有眉目，使得这里的几百户人家再也不敢安装天线了，所以几年来这儿的黑白电视只能看见哈哈镜般的人影，而彩电则只是形同虚设。

大刘拆了几套被雷击的天线，发现自己公司的天线与他们的毫无二致，也就是说，他们公司的天线若安装上去，也免不了重蹈覆辙。大刘绞尽脑汁，把在电子学院几年所学的知识在脑海里重温了数遍，加上所携仪器的配合，终于使真相大白，原因是天线放大器的集成电路板上少装了一个电感应元件。这种元件一般在任何型号的天线上都是不需要的，它本身对信号放大不起任何作用，厂家在设计时根本就不会考虑雷电多发地区，没有这个元件就等于使天线成了一个引雷装置，它可直接将雷电引向电视机，导致线毁机亡。

找到了问题的症结，一切都可以迎刃而解了。不久，大刘在天线放大器上全部加装了感应元件，并将这种天线先送给场长试用了半个多月。期间曾经雷电交加，但场长的电视机却安然无恙。此后，仅这个农场就订了500多套天线。同时热心的场长还把大刘的天线推荐给存在同样问题的附近5个农林场，又给他销出2000多套天线。

一石激起千层浪，短短半个月，一些商场的老总主动向大刘要货，连一些偏远县市的商场采购员也闻风而动，原先库存的5000余套天线很快售完。

一个月后，大刘返回公司。而这时公司如同迎接凯旋的英雄一样，为他披红挂彩并夹道欢迎。营销部李部长也已经主动辞职，公司正式任命大刘为新的营销部部长。

在这个故事中，大刘成功了，是因为他没有跟着李部长找借口推脱责任，而是积极地寻找解决问题的方法。反之，李部长失败了，因为他只是一味寻找借口，而不去寻找方法，自然要被找方法而不找借口的大刘取而代之。

许多杰出的人都富有开拓和创新精神，他们绝不在没有努力的情况下就事先找好借口。没有任何借口，是每个成功者走向成功的通行证。

早领悟　早成功

有些人往往有这样的借口——"我干不了这个！"所以常导致这种错误：在进行着一件重要的工作时，往往预留一条退路。但是当一个士兵知道虽然战争极其激烈但仍有一条后路时，他大概是不会拼尽他的全部力量的。只有在一切后退的希望都没有了的时候，s一支军队才肯用一种决死的精神拼战到底。

拒绝借口，就是要断绝一切后路，倾注全部的心血于你的事业中，抱定任何阻碍都不能使你向后转的决心——这样的精神是最可贵的。只有具备这样的精神，你才能取得成功。

扔掉"可是"这个借口

拒绝"可是"，拒绝借口，你才能找到解决问题的切入点，才能真正认识到自己的能力，而后准确地给自己定位。因为任何"可是"、任何借口，其实都是懒人的托词，它只能慢慢地把你推向失败的漩涡，让你处于一种疲惫且不知前进的状态。而扔掉"可是"这个借口，你才能发掘出自己的潜能，闯出属于自己的一片天地。

"我本来可以，可是……"

"我也不想这样，可是……"

"是我做的，可是这不全是我的错……"

"我本来以为……可是……"

行事不顺时，我们都喜欢以"可是"这个借口来推脱责任，却很少有敢于承担后果的勇气，很少去思考解决问题的方法，就这样不断地求助于"可是"，不断地寻找各种各样的借口，糟糕的事情不断发生，生活也就不断地出现恶性循环。须知，唯有扔掉"可是"这个借口，你才能跨出心灵的囚笼，取得意想不到的辉煌成果。

对于很多善于找借口的人来说，从一件事情上入手来尝试着丢掉借口，抓紧时间，集中精力去做好手边的事，也许结果会大不相同。

一次，美国著名教育家、人际关系专家戴尔·卡耐基先生的夫人桃乐西·卡耐基女士，在她的训练学生记人名的一节课后，一位女学生跑来找她，这位女学生说：

"卡耐基太太，我希望你不要指望你能改进我对人名的记忆力，这是绝对办不到的事。"

"为什么办不到？"卡耐基夫人吃惊地问，"我相信你的记忆力会相当棒！"

"可是这是遗传的呀，"女学生回答她，"我们一家人的记忆力全都不好，我爸爸、我妈妈将它遗传给我。因此，你要知道，我这方面不可能有什么更出色的表现。"

卡耐基夫人说："小姐，你的问题不是遗传，是懒惰。你觉得责怪你的家人比用心改进自己的记忆力容易。你不要把这个'可是'当作你的借口，请坐下来，我证明给你看。"

随后的一段时间里，卡耐基夫人专门耐心地训练这位小姐做简单的记忆练习，由于她专心练习，学习的效果很好。卡耐基夫人打破了那位小姐认为自己无法将记忆力训练得优于父母的想法。那位小姐就此学会了从自己本身找缺点，学会了自己改造自己，而不是找借口。

"可是"这个借口是人们回避困难、敷衍塞责的"挡箭牌"，是不肯自我负责的表现，是一种缺乏自尊的生活态度的反映。怎样才能不再找借口，并不是学会说"报告，没有借口"就足够了，而是要按照生活真实的法则去生活，重新寻回你与生俱来但又在成长过程中失去的自尊和责任感。

你改变不了天气，请不要说"可是"，因为你可以调整自己的着装；你改变不了风向，请不要说"可是"，因为你可以调整自己的风帆；你改变不了他人，请不要说"可是"，因为你可以改变你自己。所以，面对困难，你可以调整内在的态度和信念，通过积极的行动，消除一切想要寻找借口的想法和心理，成为一个勇于承担责任的人，成为一个不抱怨、不推脱、不"可是"、不为失败找借口的人。

扔掉"可是"这个借口，让你没有退路，没有选择，让你的心灵时刻承载着巨大的压力去拼搏、去奋斗，置之死地而后生。只有这样，你的潜能才会最大限度地发挥出来，成功也会在不远的地方向你招手！

成功的人不会寻找任何借口，他们会坚毅地完成每一项简单或复杂的任务。一个追求成功的人应该确立目标，然后不顾一切地去追求目标，最终达到目标，取得成功。

早领悟 早成功

许多人总爱为自己找各种各样的借口，以便让自己保存一些脸面。殊不知，这种错误的心理和方式，只会让自己逐渐滑入失败的深渊。在通常情况下，借口会让人失去信心，而处于一种疲软的生活状态之中。拒绝"可是"这个借口，向借口开刀是决定你能否胜出一般人的第一标志。

拒绝说"办不到"

冲破人生难关的人一定是一个拒绝说"办不到"的人，在面对别人都不愿正视的问题或者困难时，他们勇于说"行"。他们会竭尽全力、想尽一切方法将问题解决，等待他们的也将是艰辛后的成果、付出后的收获。

实际生活中，许多人的困境都是自己造成的。如果你勤奋、肯干、刻苦，就能像蜜蜂一样，采的花越多，酿的蜜也越多，你享受到的甜美也越多。如果你以"办不到"来搪塞，不知进取，不肯付出半点辛劳，遇点困难就退缩，那么你就永远也品尝不到成功的喜悦。

失败者的借口通常是"我能力有限，我办不到"。他们将失败的理由归结为不被人垂青，好职位总是让他人捷足先登。那些意志坚强的人则绝不会找这样的借口，他们不等待机会，也不向亲友们哀求，而是靠自己的勤奋努力去创造机会。他们深知唯有自己才能拯救自己，他们拒绝说"办不到"。文杰就是这样一个人。

文杰在一家大型建筑公司任设计师，常常要跑工地，看现场，还要为不同的客户修改工程细节，异常辛苦，但她仍主动地做，毫无怨言。

虽然她是设计部唯一的女性，但她从不因此逃避强体力的工作。该爬楼梯就爬楼梯，该到野外就勇往直前，该去地下车库也是二话不说。她从不感到委屈，反而挺自豪，她经常说："我的字典里没有'办不到'这三个字。"

有一次，老板安排她为一名客户做一个可行性的设计方案，时间只有3天，这是一件很难做好的事情。接到任务后，文杰看完现场，就开始工作了。3天时间里，她都在一种异常兴奋的状态下度过。她食不知味，寝不安枕，满脑子都想着如何把这个方案弄好。她到处查资料，虚心向别人请教。

3天后，她虽然眼睛布满了血丝，但还是准时把设计方案交给了老板，得到了老板的肯定。

后来，老板告诉她："我知道给你的时间很紧，但我们必须尽快把设计方案做出来。如果当初你不主动去完成这个工作，我可能会把你辞掉。你表现得非常出色，我最欣赏你这种工作认真、积极的人。"

因做事积极主动、工作认真，现在文杰已经成为公司的红人。老板不但提升了她，还将她的薪水翻了3倍。把"办不到"这三个字常常挂在嘴边，其实是在处处为自己寻找借口。事实上，世上之事，不怕办不到，只怕拿借口来取代方法。

这个故事告诉我们，自己的命运掌握在自己手中。只要你勤奋、肯干，积极寻找问题的答案，而非一味地给自己找借口、推脱责任，你就会品尝到成果所带来的喜悦感。

很多人遇到困难不知道去努力解决，而只是想到找借口推卸责任，这样的人很难成为优秀的人。许多成功者，他们都有一个共同的特点——勤奋。在这个世界上，勤奋的人面对问题善于主动找方法，勤奋的人拒绝借口说"办不到"，勤奋的人最易走向成功。

横跨曼哈顿和布鲁克林之间河流的布鲁克林大桥是个地地道道的机械工程奇迹。1883年，富有创造精神的工程师约翰·罗布林雄心勃勃地意欲着手这座雄伟大桥的设计，然而桥梁专家们却劝他趁早放弃这个"天方夜谭"般的计划。罗布林的儿子，华盛顿·罗布林，一个很有前途的工程师，确信大桥可以建成。父子俩构思着建桥的方案，琢磨着如何克服种种困难和障碍。他们设法说服银行家投资该项目，之后，他们怀着不可遏止的激情和无比旺盛的精力组织工程队，开始建造他们梦想中的大桥。然而在大桥开工仅几个月后，施工现场就发生了灾难性的事故。约翰·罗布林在事故中不幸身亡，华盛顿的大脑严重受伤，无法讲话，也不能走路了。谁都以为这项工程会因此而泡汤，因为只有罗布林父子才知道如何把这座大桥建成。然而，尽管华盛顿·罗布林丧失了活动和说话的能力，但他的思维还同以往一样敏捷。一天，他躺在病床上，忽然想出一种和别人进行交流的方式。他唯一能动的是一根手指，于是他就用那根手指敲击他妻子的手臂，通过这种密码方式由妻子把他的设计和意图转达给仍在建桥的工程师们。整整13年，华盛顿就这样用一根手指发号施令，直到雄伟壮观的布鲁克林大桥最终建成。

"办不到"是许多人最容易寻找的借口，它体现出了一个人所具有的自卑感和怯懦性，这种缺乏自信的人能否做出出色的事情呢？答案恐怕只有一个："只要有这个借口存在，他永远不可能出色。"只要一个人拒绝说"办不到"，他就会显出与别人不同的工作精神和态度，从而成就出色的事业。

早领悟 早成功

寻找借口、推诿责任的话语往往会强化宿命论。说者一遍遍被自己洗脑，变得更加自怨自艾，怪罪别人的不是，抱怨环境的恶劣。你是一个怎样的人呢？恐怕你也给自己寻找过各种各样的借口，所谓"办不到"正在其列。这是必须加以改正的，因为你同样也看到了以此为借口、最后无所作为的许多个案。对一个员工来说，只要他拒绝说"办不到"，就会显出与大家不一样的工作精神和态度，就会变得充满自信，用挑战的精神对待自己，从而变得日益优秀。

只为成功找方法，不为问题找借口

制造托词来解释失败，这已是世界性的问题。这种习惯与人类的历史一样古老，这是成功的致命伤！制造借口是人类本能的习惯，这种习惯是难以打破的。柏拉图说过："征服自己是最大的胜利，被自己所征服是最大的耻辱和邪恶。"

顾凯在担任云天缝纫机有限公司销售经理期间，该公司的财务发生了困难。这件事被负责推销的销售人员知道了，并因此失去了工作的热忱，销售量开始下跌。到后来，情况更为严重，销售部门不得不召集全体销售员开一次大会。全国各地的销售员皆被召去参加这次会议，顾凯主持了这次会议。

几位销售员都有一段令人震惊的悲惨故事要向大家倾诉：商业不景气、资金缺少、物价上涨等。

当第5个销售员开始列举使他无法完成销售配额的种种困难时，顾凯突然跳到一张桌子上，高举双手，要求大家肃静。然后，他说道："停止，我命令大会暂停10分钟，让我把我的皮鞋擦亮。"

然后，他命令坐在附近的一名小工友把他的擦鞋工具箱拿来，并要求这名工友把他的皮鞋擦亮，而他就站在桌子上不动。

在场的销售员都惊呆了，他们有些人以为顾凯发疯了，人们开始窃窃私语。这时，只见那位黑人小工友先擦亮他的第一只鞋子，然后又擦另一只鞋子，他不慌不忙地擦着，表现出第一流的擦鞋技巧。

皮鞋擦亮之后，顾凯给了小工友1元钱，然后发表他的演说。

他说："我希望你们每个人，好好看看这个小工友。他拥有在我们整个工厂及办公室内擦鞋的特权。他的前任的年纪比他大得多，尽管公司每周补贴他200元的薪水，而且工厂里有数千名员工，但他仍然无法从这个公司赚取足以维持他生活的费用。可是这位小工友不仅不需要公司补贴薪水，还可以赚到相当不错的收入，每周还可以存下一点钱来。他和他的前任的工作环境完全相同，也在同一家工厂内，工作的对象也完全相同。现在我问你们一个问题，那个前任拉不到更多的生意，是谁的错？是他的错，还是顾客的？"

那些推销员不约而同地大声说："当然了，是那个前任的错。"

"正是如此。"顾凯回答说，"现在我要告诉你们，你们现在推销缝纫机和一年前的情况完全相同：同样的地区、同样的对象以及同样的商业条件。但是，你们的销售成绩却比不上一年前。这是谁的错？是你们的错，还是顾客的错？"同样又传来如雷般的回答：当然，是我们的错。"

"我很高兴，你们能坦率地承认自己的错误。"顾凯继续说，"你们的错误在于听到了谣言，因此，你们不像以前那般努力了。只要你们回到自己的销售地区，并保证在以后30天内，每人卖出5台缝纫机，那么，本公司就不会再发生什么财务危机了。你们愿意这样做吗？"大家都说"愿意"，后来果然也办到了。

卓越的必定是重视找方法的人。在他们的世界里不存在借口这个字眼，他们相信凡事必有方法去解决，而且能够解决得最完美。真正杰出的人只为成功找方法，不为问题找借口，因为他们懂得：寻找借口，只会使问题变得更棘手、更难以解决。

早领悟 早成功

生活中，我们要尽量让自己专注在寻找方法的过程中，以待时机成熟，实现自己的人生目标。同样，你在公司工作，也应当选择有利于自己成长的事情，运用方法，把它们做深做透，而不是为自己留下诸多的借口，这样你才能从纷繁复杂的问题漩涡中脱身，大踏步走向成功。

中 篇

历练自我，打造
方法高手

扫码获取
更多资源

第一章

改变观念，击碎心中枷锁

很多问题是自己造成的

很多人遇到困难不知道去努力解决，而只是想到找借口推卸责任，这样的人很难成为优秀的人。许多成功人士，他们都有一个共同的特点——勤奋。在这个世界上，投机取巧者无法成功，偷懒者更是永远没有出头之日，只有那些勤奋、上进的人才最有可能摘取成功的桂冠。

一次宴会上，奥里森·马登先生同一位面临着失业危机的中年人聊天，那个中年人一个劲儿地抱怨上司不肯给他更多的机会。

马登先生问他为什么不自己争取，他说，他已经争取过了，但他并不认为公司给予他的是机会。他气愤地说："我今年已经 52 岁了，可他们竟然派我去海外营业部。像我这样的年纪怎么能够经受得起这样的折腾呢？"

马登先生问他："为什么你会认为这是一种折腾，而不是一种机会？"

他仍旧义愤填膺："公司里有那么多年轻人，不派他们而让我去，这不是折腾人是什么？再说公司本部有那么多职位，却偏偏要把我调走，我真不知道他们安的什么心。还有，公司所有的人都知道我身体不好……"

"我无法确认他公司里的同事是否都知道他的身体不好，起码我是没有看出来，站在我面前的他红光满面、神情激昂。我想，这位先生并没有得什么病，我更倾向于认同他犯了一种最严重的职业病——推诿病。"马登先生事后对朋友说。

由此看来，许多人的工作困境是自己造成的。如果你是一个勤奋、肯干、刻苦的人，就能像蜜蜂一样，采的花越多，酿的蜜也越多，你享受到的甜美也越多。

失败者的借口通常是"我没有机会"。他们将失败的理由归结为不被人垂青，好职位总是让他人捷足先登，殊不知，其失败的真正原因恰恰在于自己不勤奋，不好好把握得之不易的机会。而那些意志坚强的人则绝不会找这样的借口，他们不等待机会，也不向亲友们哀求，而是靠自己的勤奋努力去创造机会，因为他们深知，很多困境其实是自己造成的，而唯有自己才能拯救自己。

早领悟　早成功

我们知道，一千个人就会有一千种命运。有的人大富大贵，有的人则只能数着米下锅，有的人活得非常充实幸福，有的人却碌碌无为……其实，自己才是决定自己命运的最根本因素。所以，不要哀叹自己生不逢时，不要寻找借口说问题太难，须知，很多问题都是自己造成的。你只有突破自己、超越自己，才能看到前方胜利的曙光。

摆脱心中的枷锁

心可以超越困难，可以突破阻挠，可以粉碎障碍。正如一位哲人所说："世界上没有跨越不了的事，只有无法逾越的心。"心中有枷锁，便限制了人潜在能量的爆发。所以，要想开发和利用生命潜能，最关键的事情在于摆脱心中的枷锁。

很多人在成长的过程中特别是幼年时期，由于遭受外界（包括家庭）太多的批评、打击，奋发向上的热情被上了"枷锁"，因此既对失败惶恐不安，又对失败习以为常，丧失了信心和勇气，渐渐养成了懦弱、狭隘、自卑、孤僻、不思进取、不敢拼搏的性格。

一代魔术大师、逃生专家胡汀尼有一手绝活，他能在极短的时间内打开无论多么复杂的锁，从未失手。他曾为自己定下一个富有挑战性的目标：要在 60 分钟之内，从任何锁中挣脱出来，条件是让他穿着特制的衣服进去，并且不能有人在旁边观看。

有一个英国小镇的居民，决定向伟大的胡汀尼挑战，有意给他难堪。他特别打制了一个坚固的铁牢，配上一把看上去非常复杂的锁，请胡汀尼来看看能否从牢里出去。

胡汀尼接受了这个挑战。他穿上特制的衣服，走进铁牢中，牢门"哐啷"一声关了起来，大家遵守规则转过身去不看他工作。胡汀尼从衣服中取出自己特制的工具，开始工作。

30 分钟过去了，胡汀尼用耳朵紧贴着锁，专心地工作着；45 分钟、一个小时过去了，胡汀尼头上开始冒汗，两个小时过去了，胡汀尼始终听不到期待中的锁簧弹开的声音。他筋疲力尽地将身体靠在门上坐下来，结果牢门却顺势而开，原来，牢门根本没有上锁，那把看似很厉害的锁只是个样子。

小镇居民成功地捉弄了这位逃生专家，门没有上锁，自然也就无法开锁，但胡汀尼心中的门却上了锁。

你的心里是否也上了一把锁？

生活中种种看似艰难异常的事情真的就无法解决吗？种种看似无法逾越的险峰真的是无法超越吗？打开心灵的枷锁吧，只有打破思维的定式，才能冲破一道道难关，才能使我们不断迈向成功。

所谓枷锁，其实只是心理作用，是自己给自己的心上了枷锁。

有人的生活罗盘经常失灵，日复一日，在迷宫般的、无法预测也乏人指引的茫茫人生中失去了方向。他们不断触礁，别人却技高一筹地继续航行，安然战胜每天的挑战，平安抵达成功的彼岸。为了维持正确的航线，为了不被沿路上意想不到的障碍困住，你需要一个可靠的内部导引系统，一个有用的罗盘，为你在人生困境中指引出一条通往成功的康庄大道。可悲的是，太多人从未抵达终点，因为他们借助失灵的罗盘来航行。这失灵的罗盘可能是扭曲的是非感，或蒙蔽的价值观，或自私自利的意图，或是未能设定目标，或是无法分辨轻重缓急，简直不胜枚举。聪明人利用罗盘，可以获得成功；卓越人士选择可靠的路线，坚定地向前行进，可以安全抵达终点。

在举重比赛当中，作为举重项目之一的挺举，有一种"500磅（约227千克）瓶颈"的说法，也就是说，以人体的体力极限而言，500磅是很难超越的瓶颈。499磅（约226千克）的纪录保持者巴雷里，比赛时所用的杠铃，由于工作人员的失误，实际上超过了500磅。这个消息发布之后，世界上有6位举重好手在一瞬间就举起了一直未能突破的500磅杠铃。

有一位撑竿跳的选手，一直苦练都无法越过某一个高度。他失望地对教练说："我实在是跳不过去。"

教练问："你心里在想什么？"

他说："我一冲到起跳线时，看到那个高度，就觉得跳不过去。"

教练告诉他："你一定可以跳过去。把你的心从竿上摔过去，你的身子也一定会跟着过去。"

他撑起竿又跳了一次，果然跃过。

有句话如是说："自己把自己说服了，是一种理智的胜利；自己被自己感动了，是一种心灵的升华；自己把自己征服了，是一种人生的成熟。大凡说服了、感动了、征服了自己的人可以凭借潜能的力量征服一切挫折、痛苦和不幸。"其实，许多人的悲哀不在于他们不去努力，而在于总爱给自己设定许多的条条框框，这些条框限制了人们想象的空间和奋进的勇气，看似一天到晚在忙碌，实际上自己已经套上了可怕的枷锁，注定碌碌无为。可见，敢于打破自我设定的障碍，多一点超越，少一点盲从，生活就会大不一样。

早领悟 早成功

日复一日、年复一年地工作、生活，常常会使我们形成某种固有的思维定式，对变化了的新情况往往会沿用过去的做法，凭"老脑筋"办事，长此以往，我们对新事物、新现象也就缺少了那份敏感性。许多科学技术的重大发明，都是摆脱常规的思维定式束缚的结果。我们应该努力走出思维定式的圈子，摆脱心中的枷锁，不断拓展新的思维空间，提高独立思考问题和解决问题的能力，成为具有创新意识、创新能力的优秀人才。

"此路不通" 就换方法

> 是的，世上没有打不开的门，也没有走不通的路。只不过开门的钥匙不是原来那一把，里面另有机关；走路的方式也不能按原先那一种，在陆地上不能行舟。总之，按老方法找不到出路时，就要另寻新路。

当你驾车驶在路上，眼看就要到达目的地了，这时车前突然出现一块警示牌，上书4个大字："此路不通！"这时你会怎么办？

有人选择仍走这条路过去，大有不撞南墙不回头之势。结果可想而知，已言明"此路不通"，那个人只能在碰了钉子后灰溜溜地调转车头返回。这种人在工作中常常因"一根筋"思想而多次碰壁，空耗了时间和精力，却无法将工作效率提高一丁点，结果做了许多无用功。

有人选择停车观望，不再向前走，因为"此路不通"，却也不调头，或者是认为自己已经走了这么远，再回头心有不甘且尚存侥幸心理，若我走了此路又通了岂不亏了；或者是想如果回头了其他的路也不通怎么办？结果停车良久也未能前进一步。这种人在工作中常常会因懦弱和优柔寡断而丧失机会，业绩没有进展不说，还会留下无尽的遗憾。

还有另一类人，他们会毫不犹豫地调转车头，去寻找另外一条路。也许会再次碰壁，但他们仍会不断地进行尝试，直到找到那条可以到达目的地的路。这种人是工作中真正的勇者与智者，他们懂得变通，直到寻找到解决问题的办法，并且往往能够取得不错的业绩。

"此路不通"就换条路，"此法不行"就换方法，应该成为每一个人的生活理念。

A地由于一些工厂排放污水，使很多河流污染严重，以至于下游居民的正常生活受到了威胁，环保部门每天都要接待数十位满腹牢骚的居民，于是联合有关当局决定寻找解决问题的办法。

他们考虑对排污工厂进行罚款，但罚款之后污水仍会排到河流中，不能从根本上解决问题。这条路，行不通。

有人建议立法强令排污工厂在厂内设置污水处理设备。本以为问题可以得到彻底解决，但在法令颁布之后发现污水仍不断地排到河流中。而且，有些工厂为了掩人耳目，对排污管道乔装打扮，从外面不能看到破绽，可污水却一刻不停地在流。这条路，仍行不通。

之后，当地有关部门立刻转变方法，采用著名思维学家德·波诺提出的设想：立一项法律——工厂的水源输入口，必须建立在它自身污水输出口的下游。

看起来是个匪夷所思的想法，经事实证明却是个好方法。它能够有效地促使工厂进行自律：假如自己排出的是污水，输入的也将是污水，这样一来，能不采取措施净化输出的污水吗？

"此路不通就换方法"，正是遵循了这个信条，才最终找到了解决问题的办法。

一个真正卓越的人，必是一个注重寻找方法的人。当他发现一条路不通或太挤时，就能够及时转换思路，改变方法，寻找一条更为通畅的路。

早领悟　早成功

一个优秀的人必是一个善于变换思路和方法的人，他不会固守一种思路，也不会迷信一种方法，他会审时度势，适时突破，在变化中迅速拿出新的应对方案。他相信，方法总会有的，只是还没有想到。

遇事别钻"牛角尖"

一旦被现成的所谓经验或权威所左右，你可能就会使自己的逻辑推理进入一个可笑的误区，并陷入其中无法自拔。由此，在你的头脑中，自然就不会有新的思路、新的观点出现，甚至可笑到不允许有新的思维方式出现。

生活中，常有一些人顽固不化，不知权变，做事一根筋，容易钻"牛角尖"，不会转变。许多本来可以解决的问题，也会被他看成是无法做到、难以解决的问题。

高效能的成功者从不迷信以往的经验、传统和权威，也从不迷信自己。

他们只会用开放的胸怀接纳事物，用多变的思维解决问题！

A鞋厂的老板派两名销售员到非洲考察新鞋销售的市场潜力，两人回国后先后向老板报告。销售员甲兴味索然地说："非洲人不穿鞋子，因此市场没有开发的价值，我们不必去了。"

销售员乙则兴致勃勃地指出："非洲大多数的人都还没有鞋子，因此这个市场潜力无穷，应赶快进行开发，先抢得商机。"结果销售员乙受到重用，销售员甲不久后被辞退。

为了职业发展与促进生活品质，人人都应充实自己、扩大视野，于日常生活中培养健康、合理与贴切的思考模式，作为行动的指导原则。

换一种思维方式，把问题倒过来思考，不但能使你在做事情时找到峰回路转的契机，也能使你找到生活上的快乐。

要想成为一名杰出的成功人士，你就不能总是"一根筋"，死钻"牛角尖"，而是要勇敢地展开你思想的双翼，向左、向右、向上、向下，不断地飞翔，总有一个绝佳的方法在某个角落等待你去发现。只要你善于思考，懂得创新，敢于打破规则，就一定能突破一切瓶颈，从而走向成功。

早领悟 早成功

一个灵活的头脑任何时候都不会吃亏。生活中，有一些人常常陷入某种权威的思维定式之中，自设陷阱，自设障碍，死钻"牛角尖"，迷迷糊糊地转不过弯来，最终浪费了自己的聪明才智，使得很多本可以办成的事情没有办成，可以完成的工作没有按时完成。这样的人永远也无法走向成功。

第二章

调整心态，积极面对问题

摆脱你的"约拿情结"

> "约拿情结"是一种普遍的心理现象。我们想取得成功，但面临成功，总是伴随着一种心理迷茫。我们既自信，同时又自卑，我们既对杰出人物感到敬仰，又总是有一种敌意。我们敬佩最终取得成功的人，而对成功者，又有一种不安、焦虑、慌乱和嫉妒。我们既害怕自己最低的可能性，又害怕自己最高的可能性。

约拿是《圣经》里面的一个人物。他本身是一个虔诚的基督徒，并且一直渴望能够得到神的差遣。神终于给了他一个光荣的任务，去宣布赦免一座本来要被神毁灭的城市——尼尼微城。约拿却抗拒这个任务，他逃跑了，不断躲避着他信仰的神。神到处寻找他，唤醒他、惩戒他，甚至让一条大鱼吞了他。最后，他几经反复和犹豫，终于悔改，完成了他的使命——宣布尼尼微城的人获得赦免。马斯洛用"约拿"指代那些渴望成长又因为某些内在阻碍而害怕成长的人。

"约拿情结"是一种看似十分矛盾的现象。人害怕自己最低的可能性，这可以理解，因为人人都不愿意正视自己低能的一面。但是，人们还会害怕自己最高的可能性，这很难理解。但这的确是存在的事实：人们渴望成功，又害怕成功，尤其害怕争取成功的路上要遇到的失败，害怕成功到来的瞬间所带来的心理冲击，害怕取得成功所要付出的极其艰苦的劳动，也害怕成功所带来的种种社会压力……

简单地说，"约拿情结"就是对成长的恐惧。它来源于心理动力学理论上的一个假设："人不仅害怕失败，也害怕成功。"它反映了一种"对自身伟大之处的恐惧"，是一种情绪状态，并导致我们不敢去做自己能做得很好的事，甚至不愿发掘自己的潜力。在日常生活中，"约拿情结"可能表现为缺乏上进心，或称"伪愚"。

马斯洛在给他的研究生上课的时候，曾向他们提出过如下的问题："你们班上谁希望写出美国最伟大的小说？""谁渴望成为一位圣人？""谁将成为伟大的领导者？"等等。根据马斯洛的观察和记录，他的学生们在这种情况下，大家通常的反应都是咯咯地笑，红着脸，不安地蠕动。马斯洛又问："你们正在悄悄计划写一本伟大的心理学著作吗？"他们通常也都红着脸、结结巴巴地搪塞过去。马斯洛还问："你难道不打算成为心理学家吗？"有人小声地回答说："当然想啦。"马斯洛说："那么，你是想成为一位沉默寡言、谨小慎微的心理学家吗？那有什么好处？那并不是一条通向自我实现的理想途径。"

人类中普遍存在某种约拿情结，即：不是追求高级需求，追求卓越，追求崇高的自我实现，而是相反，逃避高级需求，逃避崇高的人类品行。人们视天真纯情为幼稚可笑，视诚实为轻信，视坦率为无知，视慷慨为缺乏判断力，视热情为懦弱，视同情心为廉价和盲目。为了表现"男子"气概，英语中的 Cool（冷）也因此而成了显示"有派"和"时尚"的赞美之词。在长期历史中曾显示出人类美好的、和谐的、崇高的、情感的东西竟成了当代人们不自觉的情感禁忌，无怪乎有人称人类的当代为精神病、神经症大发作的时代。

约拿情结的问题还在于，自己怕出名，如果别人出了名，他又会嫉妒，心里巴不得别人倒霉。这种情结阻碍生命成长和自我实现，马斯洛给它取名为"约拿情结"。

我们大多数人内心都深藏着"约拿情结"。 心理学家们分析，这是因为在我们小时候，由于自身条件的限制和不成熟，心中容易产生"我不行"、"我办不到"等消极的念头，如果周围环境没有提供足够的安全感和机会供自己成长的话，这些念头会一直伴随着我们。尤其是当成功机会降临的时候，这些心理表现得尤为明显。因为要抓住成功的机会，就意味着要付出相当的努力，面对许多无法预料的变化，并承担可能导致失败的风险。

毫无疑问，"约拿情结"是我们平衡自己内心心理压力的一种表现。我们每个人其实都有成功的机会，但是在面临机会的时候，只有少数人敢于打破平衡，认识并摆脱自己的"约拿情结"，勇于承担责任和压力，最终抓住并获得成功的机会。这也就是为什么总是只有少数人成功，而大多数人却平庸一世的重要原因。

早领悟　早成功

克服"约拿情结"是一个非常复杂的心理问题、文化问题、社会问题，但毋庸置疑，我们可以做的首先就是不再浑浑噩噩，清楚了解自己的心理状况，勇敢面对冲突和矛盾，相信自己可以比现在做得更好。"走自己的路，让别人说去吧！"

不畏惧问题才能解决问题

无论有多么棘手的问题挡在你前进的道路上，你都不应感到畏惧，而应该用积极的心态去迎接它，然后运用智慧寻找解决之道。正如鲁迅先生所说："踏上人生的旅途吧。前途很远，也很暗。然而不要怕，不怕的人面前才有路。"

在工作中，你是否遇到过这种情况：某一问题就像山一样摆在你面前，要克服它，似乎完全不可能。于是，一种说不出的恐惧不招自来，你很快就向山一样高大的问题屈服了。

在面对难题的时候，许多人出于各种原因，如对于失败的无法忍受，对可能遇到挫折的逃避等，而对问题本身产生了一种畏惧心理。因为畏惧问题，所以开始寻找畏惧的理由，不断说服自己问题是多么巨大，情况是多么艰难，所以不可能找到解决问题的良方，这样我们的畏惧就会变成是正常而合理的。

但是，对于恐惧，若你能控制它们、驱除它们，它们就会自动离开你的内心；反之，你越觉得它们真实，越是对其心存畏惧，它们越是会肆无忌惮地吞噬你。面对问题也是如此，如果你畏惧问题，那你就将被问题击倒；相反，如果你迎向问题，你就有可能解决它。

20 世纪 50 年代初，美国某军事科研部门着手研制一种高频放大管。科技人员都被高频率放大管能不能使用玻璃管的问题难住了，研制工作因而迟迟没有进展。后来，由发明家贝利负责的研制小组承担了这一任务。上级主管部门在给贝利小组布置这一任务时，鉴于以往的研制情况，同时还下达了一个指示：不许查阅有关书籍。

经过贝利小组的共同努力，终于制成了一种高达 1000 个计算单位的高频放大管。在完成了任务以后，研制小组的科技人员都想弄明白，为什么上级要下达不准查书的指示？

于是他们查阅了有关书籍，结果让他们大吃一惊，原来书上明明白白地写着：如果采用玻璃管，高频放大的极限频率是 25 个计算单位。"25"与"1000"，这个差距太大了！

后来，贝利对此发表感想说："如果我们当时查了书，一定会对研制这样的高频放大管产生畏惧，就会没有信心和勇气去研制了。"

其实，真正的问题并不是问题本身，而是我们对问题的畏惧。

面对问题，我们不应当畏缩，不应当逃避，而应该坦然地去面对，将问题的相关方面研究清楚，将问题的根源找出来，开动自己的脑筋，寻找更多的解决之道。

看待问题时，我们不能将其放大，相反，除了要正视问题，更要"藐视"问题。

问题的出现经常出乎人的意料，但只有不被它吓倒，才有解决问题的可能。那些一开始就被问题所吓倒的人，永远不会找到出路。

富兰克林·罗斯福就任美国总统的时候，美国正处于经济大萧条时期，全国上下一片恐慌。为了振兴美国，罗斯福决定推行"新政"，但要实行"新政"，首先要振奋民心。为此，他给美国人民做了一次"战胜恐惧"的著名演讲，其中有这样一句名言："我们唯一值得恐惧的就是恐惧本身——模糊的、轻率的、毫无道理的恐惧本身！"

罗斯福以正视问题、蔑视困难的姿态，采取果断的措施，不仅带领美国走出了经济危机，而且让美国加入反法西斯的战争，赢得了第二次世界大战的胜利。

在工作和生活中，我们经常犯这样的错误：还没有真正与问题接触，就将其无端放大，以至于很快心生恐惧、逃避，最终将自己打败。实际上，问题绝大多数时候并不如我们想象的那样严重，只要我们撕破畏惧的面纱，就能很好地解决它。

早领悟　早成功

畏惧是人性中勇敢品质的"腐蚀剂"，时时威胁着我们的心灵。只有在生命中注入勇气，扫除畏惧心理，才能帮助你斩断阻碍你前进的蔓草和荆棘。

最大的危险是不冒险

现代社会是离不开冒险精神的。许多表面上看来不可能的事情，只要你有胆量去做，并且付出自己的努力，它可能就会给你带来意想不到的成功。

为人做事，思维要灵活，所谓思维灵活，也就是要善于找到解决问题的新办法。生活、工作中的问题具有综合性、复杂性、多变性的特点。所以，解决这些问题是一种创造性的活动，需要有冒险意识。

不冒点风险，哪来成功的机会呢？很多时候，成功的机会是同风险叠合在一起的。要想抓住成功的机会，就得冒一点风险，否则，就会丧失许多可能是人生重大转折的机会，从而使自己的一生平淡无奇、毫无建树。当然，敢于冒风险的人并不一定都能成功，但成功者中，很多是因为他们敢于冒风险。

达尔文的父亲一直希望儿子能成为一名牧师，可是，由于不断地冒险，达尔文给自己创造了进军生物领域的机会。为了实现理想，他自学了西班牙语，并且跟着一支地质考察队做了野外考察，这在当时已经被人们看成是冒险行为了。为了检验一下自己的胆量和独立工作的能力，达尔文还独自穿越了荒无人烟的斯诺登山区。在经过多次冒险后，他终于获得了一次环球旅行考察的好机会。

航行开始后，达尔文便迫不及待地投入了工作。他在船尾设置了一张大网，用来考察水生生物。他把捕捉到的动物逐个鉴定，然后登记造册，有的还做了解剖，画了解剖图。轮船每到一地，达尔文就登陆考察，地质结构、风土人情、生物种类等情况在达尔文厚厚的笔记本上都有详细记录。1832 年，达尔文终于登上了令他神往已久的南美土地。在这块热带土地上，他考察了整整 3 年，得到了许多书本上没有的知识和标本。他明白了为什么鸵鸟都是集体下蛋，而不是各下各的；他看到了火山喷发和已经灭绝的动物遗骨；他登上了南美最南端的火地岛，看到了生活在那里的原始人……

离家 5 年以后，达尔文终于回到了阔别已久的故乡，带回了几百万字的考察笔记和数不清的生物标本。

达尔文绕地球一周，走过了许多别人没有走过的地方，吃了别人没有吃过的苦。但艰难坎坷并没有使达尔文退却，他仍然一如既往地走自己的路，尽管这条路上随时都有可能遇到困难、阻挡，甚至会有死神的威胁。在远航考察的过程中，船上先后有 3 个人染上热病死了，但达尔文没有被吓倒，他思考的不是自己的生命问题，而是如何才能考察到更罕见、更奇特的生物。

用了整整 5 年的时间，达尔文的冒险换来了成功的喜悦——《物种起源》一书终于诞生。无疑，这是一条艰难的成功之路，它需要勇气，需要"敢为天下先"的精神。

其实，人人都是天生的冒险家。科学研究表明，人类从出生到 5 岁之间，即生命开始的前 5 年，是冒险最多的阶段，学习的能力远比往后数十年更强、更快。试想，一个不到 5 岁的幼儿，整天置身于从未经历过的环境中，要不断地自我尝试，学习如何站立、走路、说话、吃饭，等等。这个阶段的幼儿，无视跌倒、受伤，视一切冒险皆为理所当然，也正是因为如此，幼儿才能逐渐茁壮成长。反而是当一个人年纪越大，经历过越多事情之后，就会变得越来越胆小，越来越不敢尝试冒险。这是为什么？

　　理由很简单。因为，大多数人根据以往的经验，知道怎么做是安全的，怎么做是危险的。如果贸然从事不熟悉的事，很可能会对自己产生莫大的威胁。所以，年纪越大的人通常越害怕改变，喜欢安于现状，因为这样才能让他们感觉舒服。

　　行为学家把这种心理称为"稳定的恐惧"，意思是说，因为害怕失败，所以恐惧冒险，结果"观望"了一辈子，始终得不到自己想要的东西，殊不知，凡是值得做的事多少都带有风险。

　　丹麦著名哲学家恺郭尔说过："冒险就要担忧发愁；但是，不冒险就会失落自己。"

　　这话颇为有理。在冒险的经历中，你或许会发现，风险常常是与机遇之神结伴同行的，也就是说，我们必须要有一种冒险精神，才能够抓住成功的机遇。如果没有这种冒险精神，即使机遇出现了，你也抓不住它。

　　喜剧表演家卓别林在他的自传中写道："要记住，历史上所有伟大的成就，都是由于战胜了看来是不可能的事情而取得的。"21世纪是一个充满机遇和挑战的社会，是一个需要人们不断开拓创新的社会，也是一个要想成功必须冒险的社会。只有敢于探索、敢于尝试的人，才能享受真正的激情人生。

早领悟　早成功

　　很多人害怕冒险，他们对冒险有种天然的恐惧感，这不是没有原因的。冒险意味着没有保障，同时还会有相当大的风险。可是冒险的高额回报又有很大的吸引力。面对冒险，很多人心中充满了矛盾。他们后来虽然迫不得已走上了冒险之路，心里也难免患得患失。这种矛盾其实没有必要，有些时候我们根本就不必考虑得太多，只有勇敢并抱着担当风险的决心，才能创造出奇迹。

"不可能"绝非不可能

解决问题时，如果难度较大，很多人会对自己说"不可能"，然后不再努力，最终放弃。这样做的人往往不是懒汉就是庸才。与此相反，一个杰出的人总是通过改变自己的心态和发问方式，最终将"不可能"变为"可能"。

人最大的敌人就是自己，人总是在不断超越自我的过程中成长和发展，唯有突破心灵障碍，才能超越自己。一旦你捆绑住了自己，认为这根本没有可能，那问题永远得不到解决，你所想的就真的永远是不可能的了。

当我们面对困难、问题的时候，试着"打开"你自己，打破自我限制和脑海中对于一些事物的看法，往往能发现更多的东西，甚至将"不可能"变成"可能"。

著名钢铁大王卡内基经常提醒自己的一句箴言是："我想赢，我一定能赢。"结果，他真的赢了。在这里，很重要的一点就是他排除了自己"不可能赢"的想法，并且愿意付出努力，将所谓的"不可能"变成"可能"！

一切皆有可能。不敢向高难度的工作挑战，是对自己潜能的画地为牢，只能使自己无限的潜能白白地耗掉。如果你想取得事业上的辉煌成就，使自己成为公司优秀的一分子，你就要丢掉心中的限制，积极找方法，用行动改写工作中的"不可能"。

在自然界中，有一种十分有趣的动物，名叫大黄蜂。曾经有许多科学家联合起来研究它。

根据动物学的观点，所有会飞的动物，其条件必须是体态轻盈，翅膀宽大，而大黄蜂却恰恰相反，它的身躯十分笨重，而翅膀却是出奇的短小。依照动物学的理论来讲，大黄蜂是绝对飞不起来的。

而物理学的论调则是，大黄蜂这种身体与翅膀的比例，从流体力学的观点来看，同样是绝对没有飞行的可能。

可是，在大自然中，只要是正常的大黄蜂，却没有一只是不能飞的，它的飞行速度甚至不比其他能飞的动物差。这种事实的存在，仿佛是大自然和科学家们开了一个大玩笑。

最后，社会学家揭开了这个谜。谜底很简单，那就是——大黄蜂根本不懂"动物学"与"流体力学"。每只大黄蜂在它长大之后，就很清楚地知道，它一定要飞起来去觅食，否则就会活活饿死！这正是大黄蜂之所以能够飞得那么好的奥秘。

我们不妨从另外一个角度来设想，如果大黄蜂能够接受教育，明白了生物学的基本概念，而且也了解了流体力学。那么，这只大黄蜂，它还能够飞得起来吗？

改变工作中的"不可能"，首先就不要用"心灵之套"把自己套住，只要有了"变"的理念，就一定能够找到"变"的方法。

在遇到困难的时候，我们需要做的就是及时换个思路，多尝试几种方法，具有变负为正的勇气与气魄，和改变"不可能"的智慧与方法，相信困难只能成为你的一块磨砺石，而绝非挡路石。

是的，没有什么是绝对的，也没有什么是不可能的。成败的差距不仅在于客观事实，也同样在于毅力和方法。或许今日在你眼中，这件事是绝对不可能的，也许不久它就能被实现。就如同人类总是做着在天空飞翔的梦，人类最终发明了飞机，实现了这一"不可能"的梦想。

为什么别人都认为不可能的事情，最终都成为现实呢？关键的一点就是抛弃了"不可能"的念头，只想着如何解决问题，想着如何全力以赴，穷尽所有的努力。

如果你真的希望能解决问题，真的渴望寻找到好的方法，那么，请驱除你心灵上的限制，不要再用"不可能"来逃避问题。因为正如拿破仑说的："'不可能'是傻瓜才用的词！"

早领悟　早成功

在我们的生活和事业中，很多事情并非不可能，而是我们在心理为自己设置了认为自己不可能成功的障碍和限制，不敢也不愿给自己一个机会去尝试突破。如果我们坚持"不可能"这种限制性的信念，就会不断建立障碍意识来支持"不可能"的信念，从而"自我设限"。相反，当我们不说"不可能"，而坚持"我可以"的信念时，就赋予了自己使这些信念变为现实的力量，从而也赋予了自己走向成功的力量。

冷静才会想出好办法

在生活中，我们总会面临一个个困难或问题的考验，但那只不过是暂时的，只要我们保持冷静，努力寻找方法并理智地面对困难，就一定能走出黑暗，迎接新的曙光。

每个人都会在生活和工作中遇到这样那样的困难，只有在困境中保持冷静，有一个清醒的头脑才能赢得寻找方法的机会。下面这个故事就证明了这一点。

故事发生在印度。一对官员夫妇在家中举办了一次丰盛的宴会。地点设在他们宽敞的餐厅里，那儿铺着明亮的大理石地板，房顶吊着不加任何修饰的椽子，出口处是一扇通向走廊的玻璃门。客人中有当地的陆军军官、政府官员及其夫人，另外还有一名英国生物学家。

宴会中，一位年轻女士同一位上校进行了热烈的讨论。这位女士的观点是如今的妇女已经有所进步，不再像以前那样，一见到老鼠就从椅子上跳起来。可上校却认为妇女们没有什么改变，他说："不论碰到什么危险，妇女们总是一声尖叫，然后惊慌失措。而男人们碰到相同情形时，虽也有类似的感觉，但他们却多了一点勇气，能够适时地控制自己，冷静对待。可见，男人的勇气是最重要的。"

那位生物学家没有加入这次辩论，他默默地坐在一旁，仔细观察着在座的每一位。这时，他发现女主人露出奇怪的表情，两眼直视前方，显得十分紧张。很快，她招手叫来身后的一位男仆，对其进行一番耳语。仆人惊恐万分，他很快离开了房间。

除了生物学家，没有其他客人注意到这一细节，当然也就没有其他人看到那位仆人把一碗牛奶放在门外的走廊上。

生物学家突然一惊。在印度，地上放一碗牛奶只代表一个意思，即引诱一条蛇。这也就是说，这间房子里肯定有一条毒蛇。他首先抬头看屋顶，那里是毒蛇经常出没的地方，可那儿光秃秃的，什么也没有；再看饭厅的 4 个角，三个角落都空空如也，另一个角落也站满了仆人，正忙着端菜；现在只剩下最后一个地方他还没看，那就是餐桌下面。

生物学家的第一想法便是向后跳出去，同时警告其他人。但他转念一想，这样肯定会惊动桌下的毒蛇，而受惊的毒蛇最容易咬人。于是他一动不动，迅速地向大家说了一段话，语气十分严肃，以至于大家都安静下来。

"我想试一试在座诸位的控制力有多大。我从1数到400，这会花去6分钟，这段时间里，谁都不能动一下，否则就罚他60个卢比。预备，开始！"

生物学家不急不忙地数着数，餐桌上的20个人，全都像雕像似的一动不动。当数到388时，生物学家终于看见一条眼镜蛇向门外有牛奶的地方爬去。他飞快地跑过去，把通向走廊的门一下子关上。蛇被关在了外面，室内立即发出一片尖叫。

"上校，事实证明了你的观点。"男主人这时感叹道，"正是一个男人，刚才给我们做出了从容镇定的榜样。"

"且慢！"生物学家说，然后转身朝向女主人，"温兹女士，你是怎么发现屋里有条蛇的呢？"

女主人脸上露出一抹浅浅的微笑："因为它从我的脚背上爬了过去。"

不敢想象，如果女主人和生物学家不能冷静地面对突如其来的危机，会出现什么样的后果。冷静，是一种良好的心理机制，为找到方法解决困难赢得了主动，我们每一个人都应该练就这种处变不惊的智慧。

早领悟　早成功

如果说面对盛名与利益时表现出的冷静是一种修养、一种智慧，那么，面对困难与问题时表现出的冷静则更多的是一种气势，一种生存的本能与技巧，一种更达观的生活态度。冷静不是为了永远沉寂，它是为爆发而蓄积力量；冷静不是退却，不是放弃，而是一种静观其变，然后出手制敌的策略。面对一件事情的突然袭击，只有冷静应对，方能想出良好的应对之策。

第三章

转换思路，塑造美妙人生

思路决定出路

> 只有那些能够充分调动自己的智慧，懂得思考问题的人才能成为出色的成功人士。因为如果思路不对的话，再聪明也是徒劳，脑筋转得越快，往往失败得也越快。只有善于思考的人，一生才会充满光明，而一种好的思路将引导你走向成功的阳光大道。

不知你有没有遇到过这样的情景：

当你面对一个问题的时候，总是觉得这太难了，怎么也想不出解决的办法。

当你着急想去做一件事的时候，总是有许许多多的障碍横在你的面前，让你难以跨越。

当你想要做成一番大事业的时候，却发现手中的资源少得可怜，对我们有利的条件更是几乎没有，很难做大、做强。

如果以上这些问题你都碰到过，那么毫无疑问，你已经遇到了发展的瓶颈，是急需突破的时候了。

这种时候我们该怎么办呢？我们该如何用极其有限的条件把事情办得最快、最好呢？

答案就是——思路决定出路：拥有了好的思路，就能够在迷雾中看清目标，在众多资源中发现自己的独特优势。

1972 年新加坡旅游局给总理李光耀打了一份报告说："新加坡不像埃及有金字塔，不像中国有长城，不像日本有富士山，不像夏威夷有十几米高的海浪。我们除了一年四季直射的阳光，什么名胜古迹都没有。要发展旅游事业，实在是巧妇难为无米之炊。"

李光耀看过报告后，在报告上批下这么一行文字："你还想让上帝给我们多少东西？上帝给了我们最好的阳光，只要有阳光就够了！"

后来，新加坡利用一年四季直射的阳光，大量种植奇花异草、名树修竹，在很短的时间内就发展成为世界上著名的"花园城市"。旅游业收入多年位列亚洲第二。

新加坡没有高山，没有海浪，没有长城，也没有金字塔，但是它拥有世界上最好的阳光。只要充分利用阳光就够了。这一突破性思路成就了新加坡旅游业的辉煌。

在现实生活中，聪明人未必就是一个成功者，一个人的思路往往决定了他的出路，决定了他会向哪个方向走，会走多远。如果缺乏好的思路，即使他再聪明，再有抱负，也只能和成功失之交臂。只有那些能够充分利用自己的智慧，懂得思考问题的人才能成为出色的人。雪铁龙的成功就是一个典型的例子。

安德烈·雪铁龙是法国雪铁龙汽车公司的创始人，他可算得上是个思路活跃的人。

在第一次世界大战爆发的时候，36 岁的雪铁龙应征入伍，被任命为炮兵队长。

当时，法军前线出现了炮弹短缺的局面。雪铁龙提出要建造一个日产 2 万发炮弹的工厂，这个建议很快获得了批准。可是在那个炮火连天的战争年代，想要日产 2 万发炮弹谈何容易？所有的精壮劳动力都应征到前线去作战了，哪里还有人来造炮弹呢？

按照一般人的思路，没有劳动力是个很难突破的条件限制，可是雪铁龙创新性地雇佣妇女工作。在当时,人们对妇女普遍抱有偏见,认为她们根本干不了什么大事,在家缝缝补补还可以,怎么能去造炮弹呢?

可是雪铁龙不顾别人的反对,开始利用这一别人根本不会想到的资源。事实证明,女子并不输于男子,从试生产到正式生产的短短几个月中,炮弹日产量就由 1 万发上升到了 5.5 万发。

而雪铁龙的思路并没有止于此。在战后,他向众人夸下海口:"以后要每天生产 100 辆汽车!"

几乎没有人相信他,大家认为这个人疯了。

雪铁龙是认真的,但他也确实看到了问题。面对自己经验不足、战后人们的购买力低下等条件的限制,他构思了一系列的创意。

首先他聘请了一位高级汽车工程师作为他的助手,而后针对人们购买力低下的状况,他专门走"低价"路线,生产耗油量少的汽车。这不仅降低了自己的成本,也让更多的人能够买得起汽车。与此同时,雪铁龙汽车公司也正式挂牌成立。

在对公司和产品的宣传方面,雪铁龙也是在有限的资源中,想出了巧妙的创意。第一次世界大战结束后,法国所有公路上的交通标志几乎已损坏。雪铁龙决定以公司的名义向法国政府提供各式路标并设立在全法国的公路上,不仅帮助法国政府解决了交通管理上的难题,这些路标也成了雪铁龙公司的宣传广告。

这样一路走来,雪铁龙用自己的创意思路解决了一个又一个的难题,使雪铁龙汽车公司成为当时世界第二大汽车制造公司。

思路决定出路,好思路造就美好人生。在遇到一个难解的问题时,我们如果积极开始脑筋,不固守常规的思维模式,就可能迅速地找到问题的解决办法,开辟出一条全新的路。

早领悟 早成功

命运就像奔腾的河流,时而缓慢,时而急促。谁都无法保证,今天还安安稳稳的人生,明天就不会发生难以预料的变故。事实上,有没有变故不重要,重要的是变故或困境发生时,我们是躲避,还是勇往直前?采取不同思路的人,便会有不同的结果、不同的人生出路。

横切苹果，会看到"星星"

　　创新的源泉，实质上就是突破思维定式，向新的方向多走一步。就像切苹果一样，如果不换种切法，你就永远不可能看到苹果里面美丽的"星星"。

　　切苹果一般总是以果蒂和果柄为点竖着落刀，一分为二。如果把它横放在桌上，然后拦腰切开，就会发现苹果里有一个颇似"星星"状的五角形图案。这不免让人感叹：吃了多年的苹果，我们却从来没有发现过苹果里面的"星星"，而仅仅换一种切法，就发现了这一鲜为人知的秘密。

　　换一个思路处理问题，可能会看到完全不同的景象。也许正是一个不经意的角度转换，会让你在不经意间解决了问题，毕加索说："每个孩子都是艺术家，问题在于你长大成人之后是否能够继续保持艺术家的灵性。"

　　有个摄影师发现，每次拍集体照时有睁眼的，也有闭眼的。闭眼的看见照片，非常生气："我90%以上的时间都睁着眼，你为什么偏让我照一张无精打采的照片？这不是故意歪曲我的形象吗？"

　　就拍照而言，形象是头等大事，全靠修版也难，于是喊："一、二、三！"但坚持了半天以后，恰巧在"三"字上坚持不住了，上眼皮找下眼皮，又是作闭目状，真难办。

　　后来，摄影师换了一种思路，从而解决了这一难题。他请所有照相者全闭上眼，听他的口令，同样是喊"一、二、三"，在"三"字上一起睁眼，果然，照片冲洗出来一看，一个闭眼的也没有，全都显得神采奕奕，比本人平时更精神。众人见了都非常高兴。

　　当遭遇困境时，一个思路行不通，就要果断地换另一种思路，只有这样，新的创意才会自然而然地产生出来，化解困境的方法也才会随之出炉。

　　美国摩根财团的创始人摩根，原来并不富有，他和妻子靠卖蛋维持生计。但身高体壮的摩根卖蛋远不及瘦小的妻子。后来他终于弄明白了原委。原来他用手掌托着蛋叫卖时，由于手掌太大，人们眼睛的视觉误差害苦了摩根，他立即改变了卖蛋的方式：把蛋放在一个浅而小的托盘里，出售情况果然好转。但摩根并不因此满足，眼睛的视觉误差既然能影响销售，那经营的学问就更大了，从而激发了他对心理学、经营学、管理学等的研究和探讨，最终创建了摩根财团。

而上海的一个咖啡店老板则利用人的视觉对颜色产生的误差，减少了咖啡用量，增加了利润。他给 30 多位朋友每人 4 杯浓度完全相同的咖啡，但盛咖啡的杯子的颜色则分别为咖啡色、红色、青色和黄色。结果朋友们对完全相同的咖啡的评价却截然不同，他们认为青色杯子中的咖啡"太淡"；黄色杯子中的咖啡"不浓，正好"；咖啡色杯子以及红色杯子中的咖啡"太浓"，而且认为红色杯子中的咖啡"太浓"的占 90%。于是，老板依据此结果，将其店中的杯子一律换成红色的，既大大减少了咖啡用量，又给顾客留下了极好的印象。结果顾客越来越多，生意随之愈加红火。

无独有偶，一商家从电视上看到博物馆中藏有一个明代流传下来的被称为"龙洗"的青铜盆，盆边有两耳，双手搓磨盆耳，盆中的水便能溅起一簇簇水珠，高达尺余，甚为绝妙。该商家突发奇想，何不仿制此盆，将之摆放在旅游景点或人流量多的地方，让游客自己搓磨，经营者收费，岂不是一条很好的财路？于是他们找专家进行分析研究，试制成功后投放于市场，效果出奇的好。博物馆中的青铜盆只具有观赏价值，而此商人却换了一种思路，将之仿制推向市场，最终取得了很好的经济效益。

一个人如果受到习惯思维的影响，得出来的判断往往大同小异。这种思维不能说不对，但如果长期这样思考问题，则会抑制人创新能力的发挥。

早领悟 早成功

我们一生不知吃过多少苹果，总规规矩矩地按所谓正确的切法把它们切成两半，却从未疑心过还有什么隐藏的"星星"等待我们去发现。切苹果固然如此，对于其他事情，如果总按照别人教你的方法去做，那你的思想就会滞留在智慧的港湾，永远也没有起航的那一天，又何谈得到什么惊喜和收获呢？苹果里的"星星"是美丽的，但是你的敢于改变、勇于创新的精神则更为璀璨夺目。你也可以试一试，把一个苹果横向拦腰切下去，看一下有没有"星星"。试一下吧！相信你自己！

换一种思维，换一片天地

> 有的时候，我们可能无法改变生存的外在环境，但是我们可以换换自己的思维，适时改变一下思路，只要我们放弃盲目的执着，选择理智的改变，就有可能开辟出一条别样的成功之路。

"山重水复疑无路，柳暗花明又一村"。一扇门关上，另一扇门会打开。世界上没有死胡同，关键就看你如何去寻找出路。当你在工作中遭遇困境的时候，学着换一种眼光和思维看问题，相信你一定能够化逆境为顺境，化问题为机遇。

从前，有位秀才进京赶考，住在一个以前经常住的店里。这已经是他第五次进京赶考，所以对一切事情都小心翼翼。考试前他做了三个梦，第一个梦是梦到自己在屋顶上种南瓜；第二个梦是下雨天，他戴了斗笠还打伞；第三个梦是梦到跟心爱的未婚妻脱光了衣服躺在一起，但是背靠着背。

这三个梦似乎有些深意，秀才第二天就赶紧去找算命的解梦。算命的一听，连拍大腿说："你还是回家吧！你想想，屋顶上种南瓜不是白费劲吗？戴斗笠打雨伞不是多此一举吗？跟未婚妻都脱光了躺在一张床上，却背靠背，不是没戏吗？"

秀才一听，心灰意冷，回店收拾包袱准备回家。店老板非常奇怪，问："不是明天才考试吗，今天你怎么就回乡了？"

秀才把算命先生的解梦说了一番，店老板乐了："哟，我也会解梦的。我倒觉得，你这次一定要留下来。你想想，屋顶上种南瓜不是高种吗？戴斗笠打雨伞不是说明你这次有备无患吗？跟你未婚妻脱光了衣服背靠背躺在床上，不是说明你翻身的时候就要到了吗？"

秀才一听，觉得更有道理，于是精神振奋地去参加考试，居然中了榜眼。

换一种思维方式，能使你在做事情、遭遇困境时找到峰回路转的契机，同时赢得一片新的天地。

在一个家电公司的会议上，高层主管们正在为自己新推出的加湿器制订宣传方案。

在现有的家电市场上，加湿器的品牌已经多如牛毛，而且每一个厂家都挖空了心思来推销自己的产品。怎样才能在如此激烈的竞争中，将自己的加湿器成功地打入市场呢？所有的主管都为此一筹莫展。

这时，一个新上任的主管说道："我们一定要局限在家电市场吗？"所有的人都愣住了，静听他的下文："有一次，我在家里看见妻子做美容用喷雾器，于是就想，我们的加湿器为什么不可以定位在美容产品上呢……"

他还没有说完，总裁就一跃而起，说道："好主意！我们的加湿器就这样来推销！"

于是，在他们新推出的广告理念中，加湿器就被作为冬季最好的保湿美容用品。他们的口号是——加湿器：给皮肤喝点水。

新的加湿器一上市，就成功抢占了市场，当然，这和他们新颖的创意宣传是分不开的。

在家电市场竞争日益激烈的销售战中，几乎每一种品牌都在无所不用其极地使人们记住他们的产品，在这种情况下，如果依然在家电圈子里打主意，意义就不大了。

重新为自己的产品定位，给自己的产品一个新的角度，该家电公司的这一全新的理念，为自己赢来了一个新的市场。这样的创新，不仅使消费者耳目一新，重新认识了加湿器，也使他们避开了激烈的家电市场竞争，成功地推销了自己的产品。

早领悟 早成功

任何危机都蕴藏着新的机遇，这是一个颠扑不破的人生真理。遇到问题的时候，不要让困难禁锢你的思想，试着换一种思维去思考，你就可以化逆境为顺境，化问题为机遇，从而轻易地捕捉到成功的契机。

换个角度，你就是赢家

> 其实，失败与成功的相隔得并不远，有时也许只有一步之遥。所以如果遭遇了失败，千万不要轻易认输，更不要急于走开，只要保持冷静，勇于打破思维的定式，转换一下看待问题的角度，积极寻找对策，成功一定很快就会到来。

有两个基督教徒一起去问牧师在祈祷时能否吸烟。其中一个教徒先上前问："在祈祷时能否吸烟？"牧师生气地回答："不可以！"这个教徒闷闷不乐地退下去。另一个教徒上前问："在吸烟时能否做祈祷？"牧师愉快地回答："当然可以！"

对于一个本质相同的问题，用两种不同的问法，会得到截然相反的回答。

所以，当我们说话时，不妨选择一个好的角度。有一个好的角度，就有了成功的一半；但若你选择了一个坏的角度，你就得到了失败的全部。

李寻然是一家外贸公司的高级主管，他面临一个两难的境地：一方面，他非常喜欢自己的工作，也很满意工作带给他的丰厚薪水。但是，另一方面，他非常讨厌他的上司。经过多年的忍受，他已到了忍无可忍的地步。在慎重思考之后，他决定去猎头公司重新谋一个高级主管的职位。猎头公司告诉他，以他的条件，再找一个类似的职位并不费劲。

回到家中，李寻然把这一切告诉了他的妻子。他的妻子是一个教师，那天刚刚教学生如何重新界定问题，也就是把你正在面对的问题换个角度思考，甚至完全颠倒过来——不仅要跟你以往看这个问题的角度不同，也要和其他人看这问题的角度不同。她把上课的内容讲给李寻然听，这给了李寻然很大的启发，一个大胆的创意在他脑中浮现。

第二天，李寻然又来到猎头公司，这次他是请猎头公司替他的上司找工作。不久，他的上司接到了猎头公司打来的电话，请他去别的公司高就。尽管他完全不知道这是他的下属和猎头公司共同努力的结果，但正好这位上司对于自己现在的工作也厌倦了，所以他就接受了这份新工作。

这件事最妙的地方就在于上司接受了新的工作，结果他的位置就空出来了。李寻然申请了这个位置，于是他就坐上了上司的位置。

在这个故事中，李寻然本意是想替自己找个新的工作，以躲开令自己讨厌的上司，但他的妻子教他换个角度思考，就是替他的上司而不是他自己找一份新的工作。结果，他不仅仍然干着自己喜欢的工作，而且摆脱了令自己烦心的上司，还得到了意外的升迁。

在这个世界上，从来没有绝对的失败，有时候只要调整一下思路、转换一个视角，失败就会变成成功。牛仔裤就是这样产生的。

19世纪50年代，美国西部刮起了一股淘金热。李维·施特劳斯没有跟随大众的脚步去淘金，而是转换视角，将目光放在淘金者的日常生活需求品上，于是他便在旧金山开办了一家专门针对淘金工厂销售日用百货的小商店。一天，他看见很多淘金者用帆布搭帐篷和马车篷，就乘船购置了一大批帆布运回淘金工地出售。不想过去了很多时间，帆布却无人问津。李维·施特劳斯十分苦恼，但他并不甘心就这样轻易失败，便一边继续卖帆布，一边积极思考对策。有一天，一位来淘金的朋友告诉他，他们现在需要大量的裤子，因为矿工们穿的都是棉布裤子，很不耐磨。李维·施特劳斯顿时眼前一亮：帆布做帐篷卖销路不好，做成既结实又耐磨的裤子卖，说不定会大受欢迎！他领着那个淘金朋友来到裁缝店，用帆布为他做了一条样式别致的工装裤。这位朋友穿上帆布工装裤十分高兴，逢人就讲这条"李维牌裤子"。消息传开后，人们纷纷前来询问，李维·施特劳斯当机立断，把剩余的帆布全部做成工装裤，结果很快就被抢购一空。由此，牛仔裤诞生了，并很快风靡全球，给李维·施特劳斯带来了巨大的财富。

很多人一贯坚持这样一个观点：如果失败了，就应该赶快换一个阵地再去奋斗，如果按照这种观点，李维·施特劳斯就应该把帆布锁进仓库里，或廉价甩卖出去，但幸好李维·施特劳斯没有这么做。他没有放弃帆布，而是积极寻找解决问题的方法，终于从淘金朋友的话里获得了启示：将帆布改成帆布裤，因此获得了成功。

早领悟 早成功

生活中或者工作中，遭遇困难和挫折是难以避免的事情。此时，我们不妨换个角度，也许会看到成功在向我们招手。

第四章

勇于突破，寻求自我改变

问题面前最需要改变的是你自己

环境的变化，虽然对一个人的命运有直接影响，但是，任何一个环境，都有可供发展的机遇，紧紧抓住这些机遇，好好利用这些机遇，不断随环境的变化调整自己的观念，就有可能在社会竞争的舞台上开辟出一片新天地，站稳脚跟。

有一位年轻人是一家保险公司的推销员，虽然工作勤奋，但收入少得甚至租不起房子，每天还要看尽人们的脸色。一天，他来到一家寺庙向住持介绍投保的好处。老和尚很有耐心地听他把话讲完，然后平静地说："听完你的介绍之后，丝毫引不起我投保的意愿。人与人之间，像这样相对而坐的时候，一定要具备一种强烈吸引对方的魅力，如果你做不到这一点，将来就不会有什么前途可言。"

年轻人从寺庙里出来，一路上思索着老和尚的话，若有所悟。接下来，他组织了专门针对自己的"批评会"，请同事和客户吃饭，目的是让他们指出自己的缺点。

年轻人把他们指出的缺点一一记录下来。每一次"批评会"后，他都有被剥了一层皮的感觉。通过一次次的"批评会"，他把自己身上那一层又一层的劣根性一点点剥落掉。

从此，年轻人开始像一只成长的蚕，随着时光的流逝悄悄地蜕变着。到了1939年，他的销售业绩荣膺全日本之最，并从1948年起，连续15年保持全日本销售量第一的好成绩。1968年，他成了美国百万圆桌会议的终身会员。

这个人就是被日本人誉为"练出价值百万美元笑容的小个子"、美国著名作家奥格·曼狄诺称之为"世界上最伟大的推销员"的推销大师原一平。

"我们这一代最伟大的发现是，人类可以由改变自己而改变命运。"原一平用自己的行动印证了这句话，那就是：有些时候，面对一些棘手的问题，应该迫切改变的或许不是环境，而是我们自己。

早领悟 早成功

我们应该时刻抓住生活中的变化，来改变自己的一生。没有变化的生活，并不一定是最好的。有些人总以为自己的生活不可改变，所以从不试图改变一下自己的生活。殊不知美好的生活不是靠静静地坐在那里等来的，而是靠自己努力得来的。

"恐龙族"的改变之痛

客观地说，随遇而安、过一种普普通通的生活也是一种人生，因为我们大多数人都是这样度过的。但是，如果总是随遇而安，把所谓的安全感放在人生的第一位，久而久之，我们就会产生一种惰性，机会来到面前也把握不住。

在数亿万年前，恐龙曾经是我们这个地球上最强大、最活跃的物种之一，但不知道什么原因灭绝了，至今没有一个科学家能拿出确实的证据来证明其灭绝的原因。但曾有人提出一个观点，就是当环境发生剧烈变化的时候，长期安于现状的恐龙缺乏"应变"和"学习"能力，无法改变自己以适应环境的变化而导致灭绝。

现实生活中，存在很多恐龙式的人，我们姑且称之为"恐龙族"。

"恐龙族"不喜欢改变，他们安于现状，没有野心，没有创新精神，没有工作热忱，只想维持目前的状况，不设法改进自己，不让自己有资格做更好的工作。"恐龙族"不肯承认改变的事实，他们不愿为自己制造机会，而情愿受所谓运气、命运的摆布。因为不相信自己能掌握命运，所以会选择错误，结果，不是在平坦的道路上蹒跚前进，就是一辈子坐错位置。

在我们周围，你能发现许多类似的人：他们的生活状态不是很好，可也不算很坏；他们的生活质量不是高，可也不算很低；他们的人生说不上成功，可也算不上失败。他们一生最大的愿望就是能将他们目前的生活状态保持下去，不愿意做任何的改变。他们也想过冒险，从而使自己的人生更加丰富多彩，但他们又担心万一失败连自己现在的也失去了。也就是说，寻求一种生活的安全感成了他们追求的最高人生目标。

南怀瑾先生曾说："历史上的伟人，第一等智慧的领导者，晓得下一步是怎么变，便领导大家跟着变，永远站在变的前头；第二等人是应变，你变我也变，跟着变；第三等人是人家变了以后，他还站在原地不动。人家走过去了他在后边骂：'你变得太快了，我还没有准备你就先变了！'三字经、六字经都出口了，像搭公共汽车一样，骂了半天，公共汽车已经开到中途了，他还在骂。这一类的人到处都是，竞选失败了，做生意失败了，都是这样，一直在骂别人。所以大家都要做第一等人。"

做人就应该这样，你必须想办法变出新花样，想出新东西，创造出新玩意儿，也就是说，人生如果不能创造和创新，就没有发展。不发展，别人进步了，就意味着你落后，意味着你会被社会淘汰，意味着被人超过去，甚至意味着被别人"取而代之"！

与此相反，假如你今天改变了、创新了，明天不仅不会被淘汰，反而会走在时代的前沿。

奔驰汽车公司创始人之一、世界公认的"汽车之父"——卡尔·本茨就是一个典型代表。

卡尔·本茨的创业是从自己借钱创办机械工厂起步的。

他非常聪明，也十分自信，但也可能是因为太过自信了，所以不太愿意听取别人的意见，也从不轻易改变自己的想法。

工厂没办多久，就遭遇了经济萧条，理所当然，卡尔·本茨的工厂也受到了影响。这时候，他的妻子劝他说："本茨，其实你可以考虑干别的行业，现在这行不好做。"

卡尔·本茨却不屑一顾地说："我可不那么认为，是整个大环境造成了这种状况，与我的选择无关。"

"但你也可以试试别的啊，或许会有转机。"

"我不可能去做别的行业，我的选择现在是对的，将来也是对的。"

不愿意接受妻子意见的卡尔·本茨依旧开着自己的工厂，可事情并没有朝着他希望的那样发展下去。

几年后，由于经营不善，卡尔·本茨无力偿还朋友的钱，工厂面临倒闭的危险。

直到这一刻，卡尔·本茨才突然觉得妻子的建议可能是对的。于是，他决定改变原有的经营模式。终于，经过十分艰苦的努力，他在前人的基础上研制出了新式发动机。此后，他不断创新、不断改变，制造出了闻名世界的三轮汽车——"奔驰1号"。

卡尔·本茨作为世界公认的"汽车之父"，他为人类的进步做出了杰出的贡献，而且，他那种敢于改变自己、勇于创新的精神更加值得我们学习。所以说，当你遭遇困境时，最需要拿起的武器就是改变自己，就是积极创新。只有这样，你的眼界才更加开阔，思路才更加清晰，从而能以最快的速度走出属于自己的事业和人生之路。

早领悟 早成功

韩国三星集团总裁李健熙有一句名言："除了妻儿，一切都要变。"如果别人变化快，你变化慢，你就会落后；如果别人在变化而你仍保持过去的成绩不知改进，你就会被淘汰。这就是市场的无情，它不允许任何人停止前进的步伐，否则就会被市场抛弃。"除了妻儿，一切都要变"是一种变化的决心，也是一种应对市场变化的信念和心态。失去了"变化"的心态，无论曾经有多么辉煌，也无法抵挡竞争的浪潮，终将被湮灭。

不能改变环境，就学着适应它

适应环境需要许多条件，但最重要的是你的信心与智慧，它们相辅相成、缺一不可，有了适应环境的决心和勇气，肯定能够想出解决问题的好方法。

人的生存离不开环境，环境一旦变化，我们必须随时调整自己的观念、思想、行动及目标以适应这种变化，这是生存的客观法则。

但是，有时环境的发展，与我们的事业目标、欲望、兴趣、爱好等发展是不合拍的，有时甚至会阻碍、限制我们欲望和能力的发展。在这个时候，如果我们有能力、有办法来适应环境，使之满足我们能力和欲望的发展需求，则是最难能可贵的。

毕业于某高校音乐学院的小李，被分配到一家国企的工会做宣传工作。刚开始时，他很苦恼，认为自己的专业与工作不对口，在这里长干下去，不但会耽误自己的前途，而且自己的才华也可能被荒废。于是，他四处活动，想调到一个适合自己发展的单位。可是，几经周折，终未成功。之后，他便死心塌地地待在这个工作岗位上，并发誓要改变"英雄无用武之地"的状况。他找到单位工会主席，提出了自己要为企业筹建乐队的计划。正好这个企业刚从低谷走出来，开始进入高速发展时期，自然也想大张旗鼓地宣传企业形象，提高产品的知名度，就欣然同意了他的计划。他来了精神，跑基层、寻人才、买器具、设舞台、办培训，不出半年，就使乐团初具规模。两年以后，这个企业乐团的演奏水平已成为全市一流，而且堪与专业乐团相媲美，而他自己也成了全市知名度较高的乐队经理。通过自己的努力，他完全改变了自己所处的环境，化劣势为优势，不但开辟出了自己施展才能的用武之地，而且培养了自己的管理才能，为他以后寻求更大的发展奠定了坚实的基础。

但现实生活中，有的人却不这样，他们改变不了环境，也不利用环境去努力寻找、创造新的机遇，而是怨天尤人、自暴自弃，把自己逼到了死角，一生难有作为。

我们经常会身处一个陌生、被动的环境中，而环境本身往往又是不容易被改变的。这时正确的做法就是适应环境，在适应中改变自己、提升自己。

正如一句话所说："自己的命运掌握在自己手中。"当你无法改变身处的环境时，就应该以一种积极、向上的态度去适应它，在你付出勤奋、敬业后，便会发现成功已悄然来临。

早领悟 早成功

社会形势瞬息万变，每天都在演绎着"优胜劣汰，适者生存"的剧目。在这里，"优"与"劣"的衡量标准不仅仅局限在知识的多与少，能否快速适应社会形势的变化成为又一制约我们自身发展的关键因素。社会形势无法改变，我们要想在这种瞬息万变中站稳脚跟，必须学会适应它，除此之外，别无他法。

有变才有通

面对一个问题，我们应该根据具体情况具体地分析，该勇往直前就适时冲上去，但对一些在当时的情况下，我们无条件、无力量解决的问题，则可以灵活地变通，避其锋芒，"绕道而行"，不争一时之气。须知：取得最终的胜利才是根本，笑到最后的才是赢家。

有这样一个故事：人们结伴去寻找一座宝石矿山。当他们沿着一条大路前进时，走着走着，突然前方出现了一条大河，挡住了前进的道路。河水奔腾不息，大有吞没一切的势头。矿山就在河的对岸，极目能见，但面前的这条河却使他们陷入了困境。怎么办？人们一直是靠双脚在行走，双脚把他们带到了河边，但陆路已走到了尽头，再靠双脚是走不过这条大河的。这时，人们能够做的只有改变自己。然而，许多人却不知道改变，他们仍按照陆地行走的方式纷纷走进大河，结果被淹死了，未能到达成功的彼岸；而另一些人，他们虽知道河水的凶猛，却不知道应该如何改变自己，只能在远处眺望那耀眼的宝石，望河兴叹。

那么，究竟谁能渡过这条河，胜利到达对岸呢？回答是：只有善于改变自己的人才能到达成功的彼岸。一些人改变了陆地行走的姿势和习惯，他们学会了游泳，泅过了这条河，到达了宝石矿山；另一些人临河沉思，偶然看见了一块圆木在河里漂浮，于是有了变化的灵感，意识到圆木能将他们带到对岸，结果他们发明了船，同样到达了矿山。

美国著名音乐家卡兰斯有一座非常漂亮的花园，山清水秀、林木葱郁、流水潺潺、鸟鸣啾啾，好一派迷人的景象。为此，不少人来这里度周末，因此，常常把花园搞得一片狼藉。

束手无策的家庭助理，只得按卡兰斯的指令，在花园的四周搭起篱笆，竖起"私家花园，禁止入内"的警示牌，并派人在花园的大门处严加看守，结果仍然无济于事，许多人依然通过各种途径用极其隐蔽的方式潜进去，令人防不胜防。后来家庭助理只得再行请示，请她另想良策。

卡兰斯思忖良久，猛然想起，花园中不是经常有毒蛇出没吗？直接禁止游人入内不见成效，何不利用毒蛇做文章呢？她叫家庭助理雇人做了一些大大的木牌立在花园的显眼处，上面醒目地写明："请注意！你如果在园中被毒蛇咬伤，最近的医院距此20公里，驾车需45分钟。"

从此以后，敢闯入她花园的人便寥寥无几了。

从上面的实例中我们可以看出，"常规性的措施"已完全不起作用，只有采取其他措施，迂回曲折地走一下"弯路"，采取巧妙的办法才能最终解决问题。

对于非常强大的敌人或障碍，如果我们没有有利的条件和充足的力量去打垮它，只是一味地直线前进，盲目蛮干，那是勇夫所为，轻则徒劳无功，重则头破血流，直至惨败。

反过来，我们动动脑筋，变通地处理问题，不去向强敌直接挑战，不去触动和攻击障碍本身，而是采取避实击虚、避重就轻的迂回方式，先去解决与它发生密切关系的其他因素，最后使它不攻自破或不堪一击，这样令"樯橹灰飞烟灭"，比起硬碰硬的真打实敲，岂不更加轻松？

早领悟　早成功

善于用变通的思路和方法去解决生活或工作中的问题和困难，是一个人保持旺盛竞争力的保障，更是一个人获胜的根本。变通，已经成为人们在瞬息万变的社会潮流中生存与发展的生命锁。把握它，就能赢得成功；失去它，就将面临失败。

扫码获取更多资源

第五章

打破常规，方法不拘一格

打破常规，推开虚掩之门

> 成功不是命，而是创造性思维的结果。每个人都渴望成功，但唯有打破常规思维，才能突破常规生活。只要我们积极思考，发挥创新思维，在平凡的生活中，你也能实现成功的梦想。

1968 年，在墨西哥奥运会百米赛道上，美国选手吉·海因斯撞线后，转过身子看运动场上的记分牌，当指示灯打出 9.95 的字样后，海因斯摊开双手自言自语地说了一句话，这一情景后来通过电视网络，全世界至少有几亿人看到，但当时他身边没有话筒，海因斯到底说了什么，谁都不知道。直到 1984 年洛杉矶奥运会前夕，一个名叫戴维·帕尔的记者在办公室回放奥运会资料时好奇心大发，他找到海因斯询问此事时这句话才被公布出来。原来，自欧文创造了 10.3 秒的成绩后，医学界断言，人类的肌肉纤维承载的运动极限不会超过 10 秒。所以当海因斯看到自己 9.95 秒的纪录之后，自己都有些惊呆了，原来 10 秒这个门不是紧锁的，它虚掩着，就像终点那根横着的绳子。于是兴奋的海因斯情不自禁地说："上帝啊！那扇门原来是虚掩着的。"

犹太谚语说："打开成功之门，必须勇敢地推或者拉。"成功就好比一扇虚掩着的门，只要我们鼓起勇气，勇敢地打破思维上的定式，就一定能拥有意外的收获。

一般情况下，人们总是惯用常规的思维方式，因为它可以使我们在思考同类或相似问题的时候，省去许多摸索和试探的步骤，不走或少走弯路，从而可以缩短思考的时间，减少精力的耗费，又可以提高思考的质量和成功率。但是，这样的思维定式往往会起一种妨碍和束缚的作用，它会使人陷在旧的思维模式的无形框框中，难以进行新的探索和尝试，因此，我们应当具有敢于打破常规的精神，摆脱束缚思维的固有模式。

一位心理学家曾经说过："只会使用锤子的人，总是把一切问题都看成是钉子。"就好像卓别林主演的《摩登时代》里的主人公一样，由于他的工作是一天到晚拧螺丝帽，所以一切和螺丝帽相像的东西，他都会不由自主地用扳手去拧。

错误的习惯往往会使人习惯错误，过去的成功经验，也会使人故步自封，以至于妨碍人生的发展。如果你已习惯于常规的思维方法，就只会从普通的角度来思考问题，不愿也不会转个方向、换个角度想问题，这也是很多人的一种"难治之症"。

成功就是打破思维框框，绝不自我设限。要成功，绝没有借口；有借口，绝不会成功。只有失败者才会为掩饰自己失败的行为而四处寻找借口。成功者，永远只会专注于找方法。

现在，让我们来共同做一道题，请你思考一下：回形针有多少种用途？

你的第一反应也许是：夹文件。

待打开思路之后，或许你能想出更多的用途：做绳子、钉子、导线、纽扣、首饰、发夹、鱼钩、牙签……日本有一个科学家，宣布已列出回形针2400种用途。我国武汉市一位中学生宣称，他能列出1万多种！回形针到底有多少种用途？只要你愿意去找，你是否同意答案是：无数种！一根小小的回形针既然能有无数种用途，那解决一个难题，怎么就不会有"无数种"方法呢？

我们再来观察魔术表演，其实不是魔术师有什么特别的高明之处，而是我们的思维过于因循常规思维，想不通，所以"上当"了。比如人从扎紧的袋子里奇迹般地出来了，我们总习惯于想：他怎么能从扎紧的布袋上端出来？

但很少有人去想，布袋可以做文章，下面可以装拉链。

如果我们总是经年累月地按照一种既定的模式运行，从未尝试新方法，这就容易衍生出消极厌世、疲惫乏味之感。所以，不换思路，生活也就会变得乏味。

很多人不敢打破常规的思维方式，所以他们走不出宿命般的可悲结局；而一旦摆脱了思维定式，也许可以看到许多别样的人生风景，甚至可以创造新的奇迹。

早领悟 早成功

大凡成功人士，都明白这样一个道理：要想保持长久的生命力和良好的发展势头，就必须打破常规的束缚，进行开拓创新。这种精神适用于每一个企业、企业里的每一个人。员工要生存、企业要发展，这就要求员工具有创新意识与创新能力，那么，打破常规的束缚是你应跨出的第一步。

打破传统思维的束缚

心就是一个人的翅膀，心有多大，世界就有多大。如果不能打碎心中的枷锁，即使给你一片蓝天，你也找不到自由的感觉，打破传统思维的束缚，敞开心灵，你就能获得整个世界。

人们往往会受到思维定式的限制，一旦碰到用现有的方法解决不了的事情，就认为这件事不可能成功了，其实，只要你能突破这种惯性思维，你就会知道世界上根本没有所谓的不可能。

曾有人做过这样一个实验：他们把5只猴子关在一个笼子里，并在笼子上边挂了一个鲜桃。笼子四周安装了粗铁丝网，所以这些猴子如果想要吃到桃子是一件很容易的事情，它们只要攀上铁丝网就可以拿到它了。最初，当它们想去摘桃子时，人们就会施以电击。反复几次后，实验人员不再用电击它们，却也没有猴子敢去摘桃了。

人类也是这样，我们被关在思维定式的笼子里，很多事不敢去尝试，就认为它是不可能完成的任务，因为跳不出思维的笼子，所以永远也得不到我们生命中的"桃子"。其实很多看似不可能的事情，只要打开思路，你就可以获得成功。

20世纪初，美国妇女以胸部平坦为美，乳房高耸被认为是没有教养的下等人。女孩子们都流行束胸，就像那时的中国女性流行裹脚一样。

伊·黛也受过束胸之苦，她曾无数次告诉自己要想办法减轻姑娘们的这种痛苦，恰好当时她正与人合伙开了一家小服装店，于是她决定将这种想法体现在服装设计中。经过一番苦心揣摩，她想出了一个折中方案：用一副小型胸兜来代替捆扎的束带，然后在上衣胸前缝制两个口袋来掩饰乳房的高度。

不久后，伊·黛将这种时新服装推向市场，它很快便成了畅销货。伊·黛尝到了甜头，信心大增。她决定研究出一种比胸兜更方便、更符合女人自然天性的服装。没过多久，她就设计出了一种具有历史意义的产品——胸罩。伊·黛凭直觉就知道胸罩一定会大受女人们欢迎。问题是，它会不会受到来自男性世界的反对和阻挠？这完全有可能！因为男人们是那么自私，而他们的审美观又是那么可笑。

伊·黛犹豫再三，终于决定：跟传统观念较量一下。于是，她成立"少女股份有限公司"，批量生产胸罩。这批反传统的产品在纽约上市后，宛如平地一声惊雷，引起妇女界、服装界的轰动。胸罩很快被抢购一空。出乎伊·黛的意外，虽然有一些人跳出来攻击，但附和者寥寥无几。姑娘们看到反对之声不大，胆子更大了，胸罩便逐渐成为一种新的服装时尚。

伊·黛的少女公司迅速壮大，几年后，员工由最初的十几人增加到上千名，销售额增加到几百万美元。

任何一种产品都有改进的余地，这也是商人们展示经营才华的一个重要阵地。谁能率先推出一种市场接受的新产品，谁就有可能从同行中脱颖而出，成为市场的领先者。

也许很多人都告诉过你，做事要有恒心，要有韧劲，这没错。但是，很多时候，你会因此而固执己见，在不知不觉中，一条道走到黑。事实上，坚持一个方向走到底是不太现实的，就像你开车，不可能总是方向不变，而是要不时地调整方向。有时候，环境变化得太厉害，你还不得不另辟新路，不然，你定然会栽跟头。

同样的动作、语言、事情，会使我们的头脑产生一种定式。比如，有人问你："牛的头朝南，它的尾巴朝哪里？"你可能会脱口而出："朝北。"但合理的答案应该是"朝下。"又比如问你："三点水加一个'来'字念什么？"你依据经验回答："念'来'。"又问："三点水加一个'去'字呢？"你可能会回答："念'去'。"其实，你稍加思考，你就会发现，三点水加一个"去"字，那分明是个"法"字嘛！

要摆脱这种思维定式，需要你发挥想象力，并且不被固有的经验和权威所迷惑，如果你对一种事物或一件事情表示怀疑时，要坚定自己的猜测，然后用事实证明它。

一条路走不顺畅，可以硬着头皮走下去，也可以放弃，另辟蹊径。打破传统思维的定式，往往能使人豁然开朗，步入佳境，也能使人从"山穷水尽"中看到"峰回路转"、"柳暗花明"。

早领悟 早成功

也许，生活中并不缺少成功的机会，只是我们陷进了传统思维的囹圄之中，不能自拔。思维的框架让人容易产生怯懦的心理，终究没有勇气去尝试而流于平庸。成功者与失败者之间的区别，有时并不在于他们之间有多大的差距，而在于一点小小的勇气。当我们超越众人禁锢得有些麻木的思想，勇敢地迈出那一步时，我们会惊喜地发现，原来成功的门对我们从不上锁。

不学盲从的毛毛虫

缺乏自信心，盲从他人，往往会给自己带来损失或伤害。要想在生活中、事业上有所成就，就必须善于用自己的头脑思考问题，想人之未想，见人之难见，为人之不能为，并坚信自己终究会达到目的，方能获得成功。

法国科学家约翰·法伯曾做过一个著名的实验，人们称之为"毛毛虫实验"。

　　法伯把若干只毛毛虫放在一只花盆的边缘上，使其首尾相接围成一圈，在花盆不远的地方，撒了一些毛毛虫喜欢吃的松叶，毛毛虫开始一只跟一只，绕着花盆，一圈又一圈地走。

　　一个小时过去了，一天过去了，毛毛虫还在不停地爬行，一连走了7天7夜，终因饥饿和筋疲力尽而死去。而这其中，只需任何一只毛毛虫稍微与众不同地改变其行走路线，就会轻而易举地吃到松叶。

　　毛毛虫不懂得变通，只会盲目地跟着前面的毛毛虫走，所以它们又叫游行毛毛虫，只会一只跟着一只转圈，而没有一只摆脱原来的路，去走一条新路，最后只能死去。

　　许多失败者就像毛毛虫一样，放弃主宰自己的命运，总是按别人的意愿过日子。这种"最大的失败者"的突出特点就是盲从，他们没有目标，他们就像一艘没有舵的船，永远漂流不定，只会到达失望、失败和丧气的海滩。

　　缺乏自信心，盲从他人，往往会给自己带来损失或伤害。要想在生活中、事业上有所成就，就必须善于用自己的头脑思考问题，想人之未想，见人之难见，为人之不能为，并坚信自己终究会达到目的，方能获得成功。

　　"永远不可能靠着盲目而成为世界第一名，想要成为世界第一名就得要立异、要创新。"宝马汽车公司总裁曾如此说。

　　当时，宝马公司发现，奔驰车设计得越来越高档，而且看起来很气派、高贵，适合重要人物使用。一向生产高档车的宝马决定抓住这个商机，走年轻人的路线，走时髦的路线，使车型开始趋向于流线型跑车，与众不同的设计使宝马获得了成功。

　　的确，因循守旧，踩着别人的脚印前进，只会使你陷入思想的沼泽地。只有挣脱思维模式的桎梏，才能欣赏到别人看不到的风景。

　　生活中，我们总是盯着"阳关道"，人们互相推着、挤着，结果很多时候弄得头破血流，却还是一无所获，但如果你能试着摆脱"毛毛虫"思维枷锁的限制，换一条人生之路，也许会走是更顺畅。

　　2000年，王斌第三次高考落榜，这一次，他拒绝了父母让他再复读的建议，决定去做点别的，王斌的父母都是知识分子，他的哥哥、姐姐也都考上了大学，父母觉得一个人如果上不了大学，那他就永远也不能出人头地，因此，王斌的想法在家里引起了轩然大波。但是，王斌没有理会家人的反对，他开始了自己的创业历程，他相信成功的路不止一条，自己没有必要非往高考的窄门里挤。王斌从事过很多工作：卖服装、开报刊亭、办搬家公司……但都没有成功。2003 年夏天，他在某报纸上看到了一则诚招加盟某高级干洗连锁店的广告，经过分析，他认为前景不错，便果断地投入了资金办起一间连锁店。3 年过去了，王斌的生意越做越大，手下已经拥有 7 间分店，并被当地评为十大杰出青年，他的父亲感慨地说："真没想到，这小子走'独木桥'竟然走出了名堂！"

王斌在第三次落榜后，就决定放弃自己的大学梦，另闯一条适合自己的路，这绝不是意气用事，而是在人生路口上从另一种思路出发做出的新选择。但是，值得说明的是，这种选择并不是以消极的或者反动的方式进行的：像有的人那样，一旦在自己的人生路上遇到点挫折和坎坷，不是悲观消极、怨天尤人，就是不思进取、自暴自弃；而是以一种"山重水复疑无路，柳暗花明又一村"的乐观、豁达的人生态度，独辟蹊径，走向人生的另一境界。

早领悟 早成功

真正善于学习和工作的人，一定是那些随时随地注意观察，留意各种信息的人。方法绝不是简单的模仿和盲从，更不是生搬硬套。一个只会盲从别人而毫无特点和创造力的人是不会在工作中脱颖而出，取得好成绩的。

挑战权威的话语权

做任何事情，都不要迷信权威，不要生活在他人的阴影之下。因为权威并非万能的，只要你坚定自己的信念，走自己认为正确的道路，很快就能实现自己的理想。

"人微言轻，人贵言重。"我们的心灵深处，都有对权威的崇拜情结。很多人出于对权威的过分信任，认为有权威存在，所以自己不用去思考，免得浪费时间，凡事跟随权威就行。

霍金曾说："你向权威妥协一小步，就离真理远了一大步。判断一些理论观点和科学成果不在于权威的声名，而在于你对科学的认真，你一认真，事情就可能是另外一个样子。"挑战权威，也是挑战自我，只有勇于挑战，才有辉煌的成功。

小泽征尔是世界上著名的交响乐指挥家，他在一次世界音乐指挥家大赛的决赛中，按照评委会给他的乐谱指挥演奏时，发现有不和谐的地方。他认为是乐队演奏错了，就停下来重新演奏，但还是不如意。这时，在场的所有作曲家和评委会的权威人士都郑重地说明乐谱没有问题，而是小泽征尔的错觉。面对这些音乐大师和权威人士，他经过再三地思考，坚定地说："不，一定是乐谱错了！"话音刚落，评判台上立刻响起了热烈的掌声。

原来，这是评委们精心设下的圈套，以此来检验指挥家们在发现乐谱错误并遭到权威人士"否定"的情况下，是否能坚持自己的正确判断。前两位参赛者虽然也发现了问题，但终因屈服于权威而遭淘汰。小泽征尔则不然，因此，他在这次世界音乐指挥家大赛中夺取了桂冠。

做任何事情，都不要迷信权威，不要生活在他人的阴影之下。因为权威并非万能的，只要你坚定自己的信念，走自己认为正确的道路，很快就能达到自己理想的目标。

1879年大发明家爱迪生发明了电灯，输电网的建设因直流电的局限而进展缓慢，与此同时，乔治·威斯汀豪组织了一个科研班子，专门研制新的变压器和交流输电系统。

爱迪生认为应用交流电是极其危险的，他极力反对这件事情。为了阻止威斯汀豪的创新，爱迪生花费数千美元，向外界宣传交流电如何可怕，使用它将会给人类带来多么大的危险。在维斯特莱金研究所，爱迪生召见新闻记者，当众用1000伏交流电作电死猫的表演；他还为此发表一篇题为《电击危险》的权威性文章，表达了自己反对研究和应用交流电的观点。

面对爱迪生这位权威，威斯汀豪丝毫没有气馁，对围攻交流电的宣传也不甘示弱，他竭尽全力为交流电的推广奔走、努力，并且针锋相对的在杂志上发表了《回驳爱迪生》的文章，对爱迪生的观点进行了质疑。

但是，正当威斯汀豪为交流电推广奔走时，令他做梦也想不到的事情发生了，纽约州法庭下令用交流电椅代替死刑绞架，这给威斯汀豪带来致命的一击。可是，对爱迪生来说，这真是上天赐给他的最好机会，他借着电椅大做文章，再次把恐怖气氛煽动起来。而受到意外打击的威斯汀豪，虽然在大名鼎鼎的爱迪生这个权威面前处于劣势，但他并不气馁，始终坚信交流电的应用将给世界带来新的光明。

1893年，美国在芝加哥准备举办纪念哥伦布发现美洲大陆400周年的国际博览会。会上的精彩展品之一就是点亮25万只电灯，为此，很多企业争相投标，以获取这名利双收的"光彩工程"。

爱迪生的通用电气公司以每盏灯出价13.98美元投标，并满怀信心能拿下这笔生意。威斯汀豪闻讯赶来，以每盏灯5.25美元的极低标价与通用电气公司竞争，这大大出乎所有人的意料，博览会的负责人吃惊地问他："你投下如此的低价，能获利吗？"

"获利对我并不重要，重要的是让人看到交流电的实力。"威斯汀豪坦然地回答。对威斯汀豪的话，人们将信将疑。

国际博览会隆重开幕了，人们发现数万盏电灯在夜幕下光彩夺目，非常壮观。人们也争先传颂，是威斯汀豪用交流电照亮了世界。

望着无比灿烂的灯光，爱迪生这才低头沉思，并对自己的失误深感遗憾，同时也对后来居上的创新者表示敬佩。

假如威斯汀豪迷信权威，对爱迪生的多次攻击束手无策，交流电绝不会迅速在社会上崛起，也不可能有威斯汀豪电气公司的辉煌。

人们总是羡慕发明创造者，觉得上天太宠幸他们，给了他们那么多机遇，实际上，我们身边也有许多创新机会，就看你善不善于捕捉它。捕捉创新的机遇，取得意想不到的创新成果，往往取决于我们有没有捕捉机会的敏锐头脑，有没有善于从司空见惯的现象中发现问题、捕捉疑点的慧眼，有没有在权威下过"结论"、做过"论断"的所谓"终极真理"面前敢于质疑的勇气。

早领悟 早成功

质疑精神要求人们既尊重知识，又不迷信权威；既继承前人的成就，又努力攀登科学更高峰；既学习书本上的知识，又不被书本所束缚。勇于挑战权威，运用质疑进行知识创新，你就能打开创新的大门，同样，你也会品尝到累累硕果。

第六章

用对智慧，一切皆有可能

把问题扼杀在摇篮里

　　"为山九仞，功亏一篑。""千里之堤，溃于蚁穴。"在工作中，我们不要忽视任何一个小问题的，更不能姑息它们由小到大。解决问题和困难最好的时机，莫过于在它们刚刚萌生之时。如果一个问题在它萌芽之时没有得到及时解决，那它就有可能像雪球一样越滚越大，最终一发不可收拾。

　　著名的人力资源培训专家吴甘霖先生在他的讲座中经常提到这样一个故事：

　　日本剑道大师冢原卜传有三个儿子，都向他学习剑道。一天，卜传想测试一下三个儿子对剑道掌握的程度，就在自己房门帘上放置了一个小枕头，只要有人进门时稍微碰动门帘，枕头就会正好落在头上。

　　他先叫大儿子进来。大儿子走近房门的时候，就已经发现枕头，于是将之取下，进门之后又放回原处。二儿子接着进来，他碰到了门帘，当他看到枕头落下时，便用手抓住，然后又轻轻放回原处。最后，三儿子急匆匆跑进来了。当他发现枕头向他直奔而来时，情急之下，竟然挥剑砍去，在枕头将要落地之时，将其斩为两截。

卜传对大儿子说道："你已经完全掌握了剑道。"并给了他一把剑。然后他对二儿子说道："你还要苦练才行。"最后，他把三儿子狠狠责骂了一通，认为他这样做是他们家族的耻辱。

卜传以什么标准给三个孩子不同的评价呢？其中的一点，就是对问题的觉察能力。大儿子能够以最敏锐的思维觉察到问题，并且将问题消灭在萌芽状态；二儿子发现问题晚，但当问题发生时，能够妥善地处理；三儿子根本没有发现问题，当问题出现时，便采取极端的应急方式进行处理，结果把不应该砍掉的枕头砍掉——不但没有解决问题反而又创造了新的问题。所以，一个优秀的人，总能在第一时间察觉问题，并将其扼杀在摇篮之中。

对个人是这样，对公司而言也是如此。如果发现公司有不合理的问题，要立刻扼杀在摇篮之中，切不可姑息。对产品同样不要因为是自己做的，有了毛病就讳而不宣，等到让消费者发觉时，很可能连整个公司的名誉、信用都要受到影响。

爱立信在中国"黯然神伤"的案例便是最佳的教材。

有着百年辉煌历史的爱立信与诺基亚、摩托罗拉并世称雄于世界移动通信业。但自 1998 年开始的 3 年里，爱立信在中国的市场销售额一日千里地下滑，最终不但退出了销售三甲，而且还排在了新军三星、飞利浦之后。

2001 年，在中国手机市场上，大家去买手机时，都在说爱立信如何如何不好。当时，它一款叫作"T28"的手机存在质量问题，这本来就是一种错误，但更大的错误是爱立信漠视这一错误。"我的爱立信手机的送话器坏了，送到爱立信的维修部门，问题很长时间都没有解决。最后，他们告诉我是主板坏了，要花 700 块钱换主板。而我在个体维修部那里，只花 25 元就解决了问题。"这位消费者确切地说出了爱立信存在的问题。那时，几乎所有媒体都注意到了"T28"的问题，似乎只有爱立信没有注意到。爱立信一再地辩解自己的手机没有问题，而是一些别有用心的人在背后捣鬼。然而，市场不会去探究事情的真相，也不给爱立信以"申冤"的机会，就无情地疏远了它。

其实，信奉"亡羊补牢"观念的消费者已经给了爱立信一次机会，只不过，爱立信没能好好把握那次机会。

1998年，《广州青年报》从8月21日起连续三次报道了爱立信手机在中国市场上的质量和服务问题，引发了消费者以及知名人士对爱立信的大规模批评，而且，爱立信的768、788C以及当时大做广告的SH888，居然没有取得入网证就开始在中国大量销售。当时，轻易不表态的电信管理部门的声明，证实了此事。至此，爱立信手机存在的问题浮出了水面。但爱立信一如既往地采取掩耳盗铃的方式来解决问题。据当时参加报道的一位记者透露，爱立信试图拿出几万元广告费来封媒体的嘴；爱立信广州办事处主任还心虚嘴硬地狡辩：“我们的手机没有问题。”既然选择拒不认错，爱立信自然不会去解决问题，更不会切实地去做服务工作。

对质量和服务中的缺陷没有第一时间解决掉，使爱立信输掉了它从未想放弃的中国市场。

早领悟　早成功

在做事情的过程中，当问题一旦出现时，无论它看起来多么微不足道，都不要掉以轻心，任其泛滥。而应该认真地加以重视，寻找问题产生的根源，并迅速将其铲除。只有这样，才不至于造成重大的损失。

问题中孕育着机遇

　　“山重水复疑无路，柳暗花明又一村。”一扇门关上，另一扇门会打开。当你在生活中遭遇困境的时候，学着换一种眼光和思维看问题，相信你一定能够化逆境为顺境，化问题为机遇。

对于问题和机遇的关系，国内一位知名的企业家曾有过一段精彩的论述：“问题有时像一个油葫芦摆在你面前，你不碰它永远不会倒，你必须要去扳倒它，才能得到里面的东西，这也应该是你面对问题时的态度。有了问题，你去解决，问题对你来说就是一种机遇。一旦问题得到了解决，你起码在解决这种问题中就获得了成功。”

李嘉诚就是善于从问题中寻找机遇，才拥有了辉煌的一生。

1966 年底，低迷了近两年的香港房地产业开始复苏。但就在此时，内地的"文化大革命"开始波及香港。1967 年，北京发生火烧英国代办处事件，香港掀起"五月风暴"。"中共即将武力收复香港"的谣言四起，香港人心惶惶，触发了自第二次世界大战后的第一次大移民潮。

移民者自然以有钱人居多，他们纷纷贱价抛售物业。在这种情况下，新落成的楼宇无人问津，整个房地产市场卖多买少，有价无市。地产商、建筑商焦头烂额，一筹莫展。李嘉诚一直在关注、观察时势，经过深思熟虑，他毅然采取惊人之举：人弃我取，趁低吸纳。

李嘉诚在整个大势中逆流而行。事实证明，他的做法是正确的。

从宏观上看，他坚信世间事乱极则治、否极泰来。

就具体状况而言，他相信中国政府不会以武力收复香港。实际上道理很简单，若要收复，1949 年就可以收复，何必等到现在？当年保留香港，是考虑保留一条对外贸易的通道，现在的国际形势和香港的特殊地位并没有改变，因此，中国政府收复香港的可能性不大。

正是基于这样的分析，李嘉诚做出"人弃我取，趁低吸纳"的历史性战略决策，并且将此看作是千载难逢的发展良机。

李嘉诚将买下的旧房翻新出租，又利用地产低潮建筑费低廉的良机，兴建物业。李嘉诚的行为需要卓越的胆识和气魄。不少朋友为他的"冒险"捏了一把汗，同业的地产商都在等着看他的笑话。

这场战后香港最大的地产危机，一直延续到 1969 年。

1970 年，香港百业复兴，地产市场转旺。这时，李嘉诚已经聚积了大量的收租物业。从最初的 12 万平方英尺（约 1.12 万平方米），发展到 35 万平方英尺（约 3.25 万平方米），每年的租金收入达 390 万港元。

李嘉诚成为这场地产大灾难的大赢家，并为他日后成为地产巨头奠定了基础。有人说李嘉诚是赌场豪客，孤注一掷，侥幸取胜。

应该说，在这场夹杂着政治背景和人为因素的房地产大灾难中，前景难以绝对准确地预测。这样说来，李嘉诚的决策有十足的胜券在握是不现实的。李嘉诚的行为带有一定的冒险性，说是赌博也未尝不可。

但是，李嘉诚的冒险是建立在对形势的密切关注和精确分析之上，李嘉诚绝非投机家。李嘉诚在科学判断的基础上敢于冒险的胆识值得我们借鉴。

他将整个地产业的灾难变成了自己的机遇。

机遇往往和问题连在一起，因此，每个创业者都希望求取势能，只有那些通过自身的努力，创造能增强自身能量的环境，谋得有利的发展资源，从问题中找到机遇的人，才能成就大业。

在一个优秀人士的眼中，问题永远不是"无法完成任务"的预言家，而是"机遇"的乔装者。无论所面对的问题难度有多大，优秀人士所做的，首先是坦然地接受"问题"，然后对这个问题做出冷静、清晰的分析，积极行动，让隐藏在问题背后的机遇浮出水面。因此，每当问题到来，他们总会说："感谢上帝！又有巨大的机遇等着我去发现了。"而不是放下工作，中途逃避、退缩。

早领悟　早成功

问题中孕育着机遇，这是所有优秀员工最基本的观念。在工作中，每当遇到问题时，他们总会这样想："这里藏有什么样的机遇呢？"他们能够在失利中寻找契机，反败为胜。只要思路再灵活一些，方法再得当一些，变问题为机遇，你也能做到。

化问题的压力为前进的动力

也许你的生存压力不小，烦恼也不少，但切忌陷入自我忧虑中，而要化这些压力为前进的动力，冷静思考，理清思路，全面评估现状，找到应对策略和行动方案。记住，你的力量远远要比压力大得多。

琼斯在威斯康星州经营农场，有限的收入只能勉强维持全家人的生活，他的身体强健，工作认真勤勉，从来不敢妄想拥有巨大的财富。在一次意外事故中，琼斯瘫痪了，躺在床上动弹不得。亲友都认为他这辈子完了，事实却不然。

他决定让自己活得充满希望、乐观，做一个有用的人，继续养家糊口，而不至于成为家人的负担。

他把自己的构想告诉了家人。"我的双手不能工作了，我要开始用大脑工作，由你们代替我劳作，我们的农场全部改成玉米，用收成的玉米养猪，趁着乳猪肉质鲜嫩的时候灌成香肠出售，一定会很畅销。"

"琼斯乳猪香肠"果然一炮打响，成为家喻户晓的美食。

天无绝人之路。生活抛给我们一个问题，也一定会赋予我们解决问题的能力。

人生不总是一帆风顺的，各种各样的挫折都会不期而遇。幸运和厄运，各有令人难忘之处，不管我们得到了什么，都没有必要张狂或沉沦。

当你面对巨大的压力时，不要沉沦。你应该保持镇静，理智地应对，要相信自己有解决任何问题的能力。

琼斯的身体瘫痪了，对于他来说，这无疑是其人生中一种莫大的压力，可他的意志丝毫没受影响，他化这种压力为前进的动力，乐观地面对残酷的现实。他利用自己的大脑，然后借用别人的手，依然干出了自己的一番事业。

现实生活中，每个人都不必总乞求阳光明媚，微风习习。要知道，随时都有可能狂风大作，乱石横飞，无论是哪块石头砸着了你，你都应有迎接厄运的气度，在打击和挫折面前做个勇者，跌倒了再爬起来，将以勇者的姿态迎接命运的挑战。

也许沙尘眯过你的眼睛，但沙尘过后，举目一望，不依然是春花烂漫、阳光和煦吗？不经历风雨怎么见彩虹。喋喋不休地诅咒，只能证明自己心胸狭窄和不成熟，与其如此，倒不如对它说声谢谢，感谢挫折和压力，是它让我们变得更坚强。

人生苦短，由此不难让我们联想到，云南大理白族的三道茶，就是一苦二甜三淡，象征了人生的三重境界。苦尽才能甘来，随之才有潇洒的人生，才会不屈服于挫折的压力，开创大业，走向人生的辉煌。

早领悟 早成功

孟子警醒世人"生于忧患，死于安乐"；巨鹿之战，项羽破釜沉舟，逼迫兵士以一敌百，"百二秦关终属楚"；韩信背水一战，置之死地而后生。古人已意识到，问题的压力便是前进的动力，从而化压力为动力，成就了生命里最壮美的诗篇。问题面前，压力越沉重越能让人挖掘自身潜力，从而迸发出巨大的力量。

把 "NO" 变成 "ON"

> 西方有句名言："一个人的思想决定一个人的命运。"不敢向高难度的工作挑战，是对自己潜能的画地为牢，只能使自己无限的潜能化为有限的成就。而敢于向高难度的工作挑战，敢于变 "NO" 为 "ON" 的人，则是最有潜力的人，是最终的成功者。

"NO" 这个词代表着 "不"，但也代表着失败、拖延。可是如果我们把这个词颠倒过来，"NO" 便成了 "ON"，也就有了 "前进" 的意思。

在人们的传统思维中，工作中存在着许多的禁区，这是不能做的，那是不能想的。许许多多的事情都被贴上了 "NO" 的标签。然而，善于变通的人则会向这一思维挑战，要改变工作的 "不可能"，把 "NO" 变成 "ON"。

1992 年底，78 岁的 IBM 仿佛患上了老年痴呆症，一下子陷入了亏损额 50 亿美元的泥潭里，举步维艰。昔日威风八面的蓝色巨人变成了没人理睬的乞丐。GE 的杰克·韦尔奇与 SUN 的麦克尼里等人都拒绝高薪，不愿意去挽救 IBM。后来，IBM 费尽力气，终于说服了路易·郭士纳前去执掌 IBM 的帅印。于是，被媒体描述成 "一只脚已经踏进了坟墓" 的 IBM，迎来了这位对 IT 行业完全陌生的新 CEO，后来被世人津津乐道的传奇人物郭士纳先生。

不过，当时大家知道郭士纳先生要接掌 IBM 时，很多人向他投去了怀疑的眼光或冷嘲热讽的态度。他们认为：一个靠经营食品业起家的人，一个对计算机完全外行的人，又如何能担当得起这一重任呢？

但是，随着时光的流逝，郭士纳先生给大家的结果是 "惊喜"！因为，今天我们已经看到，一个当初亏损 81 亿美元的 IBM 公司，如今已经变为销售额高达 860 亿美元，赢利 77 亿美元的行业楷模。公司的股票价值增值了 800%，市值增长了 1800 亿美元。这些惊人的数字，就是当初那位计算机行业的 "门外汉" 路易·郭士纳先生带领 IBM 员工们创造出来的。这是一个给那些怀疑 "门外汉" 做不了专业活的人的最好反击。

当一件人人看似 "不可能完成" 的艰难工作摆在你面前时，不要抱着 "避之唯恐不及" 的态度，更不要花过多的时间去设想最糟糕的结局，不断重复

"根本不可能完成"的念头——这等于在预演失败。就像一个高尔夫球员，不停地嘱咐自己"不要把球击入水中"时，他脑子里将出现球掉进水中的映像。试想，在这种心理状态下，打出的球会往哪里飞呢？

在现代社会里，一些人之所以总是遭遇失败，是因为他们习惯于做事时要等到万无一失再动手，或是一遇到障碍就退缩。因此，当遇到问题时，他们总是抓住那些消极的因素不放，而不知道通过自己的努力，可以把不可能变为可能。

早领悟 早成功

世上无难事，只怕有心人。面对困难，只要你勇于尝试，积极寻求解决方案，那么，"NO"也能变成"ON"。

使"不能"成为"可能"

无论是个人、团体，还是国家，谁能激发出源源不断的新创意，谁就会成功。世界上常常有这种情况，看起来不可能的事情，认为办不到的事情，只要稍微转换一下思想，改变一下思路，就会发现可能原来隐藏在不可能的背后。

许多人将自己终身囚禁在心灵的监狱之中，却不顾这样一个事实：他们是带着一把叫作"可能"的钥匙进入监狱的，他们不知道自己带有这把钥匙，这监狱就是他们在自己心里建立起来的自我否定。

记住，恐惧的黑秃鹫在哪里盘旋，哪里就会有某种东西睡着了需要被及时唤醒，或者某种已经死了的东西需要被掩埋。世界上有一种人，他们看起来毫不起眼，更不会有辉煌的成就，但是他们却能让小看他的人最终闭嘴。因为，事实胜于雄辩，他们以自己的实际行动取得了别人认为不可能的结果。

生活中，要使"不可能"成为"可能"，最好的方法是拓展自己的创造力。任何事情的成功，都是因为能找到把事情做得更好的方法。

有一次，拿破仑·希尔问PMA成功之道训练班上的学员："你们有多少人觉得我们可以在 30 年内废除所有的监狱？"

　　待确信拿破仑·希尔不是在开玩笑以后，马上有人出来反驳："你的意思是要把那些杀人犯、抢劫犯以及强奸犯全部释放吗？你知道这会造成什么后果吗？那样我们就别想得到安宁了。不管怎样，一定要有监狱。"

　　"社会秩序将会被破坏。"

　　"有些人生来就是坏坯子。"

　　"如有可能，还需要更多的监狱。"

　　拿破仑·希尔接着说："你们说了各种不能废除的理由。现在，我们来试着相信可以废除监狱。假设可以废除，我们该如何着手？"

　　大家有点勉强地把它当成试验，沉静了一会儿，才有人犹豫地说："成立更多的青年活动中心可以减少犯罪事件的发生。"

　　不久，这群在 10 分钟以前坚持反对意见的人，开始热心地参与讨论。

　　"要消除贫穷，大部分的罪犯都来自低收入阶层。"

　　"要引导有犯罪倾向的人。"

　　"借手术方法来治疗某些罪犯。"

　　他们总共提出了 18 种构想。

　　这个实验的重点是：当你相信某一件事不可能做到时，你的大脑就会为你打出种种做不到的理由。但是，当你相信，真正地相信某一件事确实可以做到，你的大脑就会帮你找出解决的各种方法。所以，生活中有些事情并非你不能做到，而是你自己限制住了自己，如果能将这种限制打破，许多"不可能"都将成为"可能"。

　　一个人凭着"可能"的信念，可以达到任何所向往的正当目标。素有"汽车之父"之称的亨利·福特最初除了拥有可摧城拔寨的勇气外，几乎一无所有，当时所有的人们看到工厂里的汽车歪歪扭扭排得乱七八糟，很长一段时间以来也无人问津，都认为他无法生产出性能良好的汽车。但是，亨利·福特就不信这个邪，依然按照自己的意愿信心百倍地进行汽车研制，最终建立起了庞大的工业帝国；伟大的发明家爱迪生只读过少得可怜的 3 个月的书，却凭着一股不服输的劲头和脚踏实地的精神，一生中竟然搞出来 1000 多项科学发明。

　　使"不可能"成为"可能"，首先就不要用"心灵之套"把自己套住，只要有了"变"的理念，就一定能够找到"变"的方法。

在遇到困难的时候，我们需要做的就是及时换个思路，多尝试几种方法，具有变负为正的勇气与气魄和改变"不可能"的智慧与方法，唯有如此，困难才能成为你的一块磨砺石，而非挡路石。

早领悟 早成功

要解决问题时，如果难度较大，很多人会对自己说"不可能"！然后不再努力，最终放弃。这样做的人往往不是懒汉就是庸才。与此相反，一些真正杰出的人，总是通过改变自己的心态和发问方式，最终将"不可能"变为"可能"，所以他们也最容易走向成功。

第七章

开启大脑，寻找方法地图

用"全脑智慧"找方法

> 仅仅依靠左脑或者右脑都是片面的，这样无法充分发挥大脑的潜能，只有左右脑协作才是科学的用脑方法，才更能发挥大脑的优势，提高我们解决问题的能力。全脑智慧就是既要运用左脑，又要积极开发右脑，左右脑双管齐下，互相配合，平衡发展，发挥大脑潜能，最大限度地提高解决问题的能力。

人类的大脑就像宇宙天体那样，神秘无限，能量无穷，世界各国的科学家一直在努力探索和研究。

1981年，美国加州大学医学博士史贝里教授的研究心得"左右脑分工"论文，荣获1981年度诺贝尔医学奖。

史贝里教授的实验证明：人脑是由左、右两半球组成，各司其职。左脑负责言语、阅读、书写、数学运算、推理、排列、分类、组织、因果、顺序等逻辑思维，属于硬性思考，偏重于概念性的抽象思维，适用于思维的实用化阶段；右脑，负责知觉物体的空间关系，与图像、旋律、颜色、感觉、想象、创意、动感、音感，属于软性思考，长于形象思维、构建灵感和直觉思维，吸收的容量比左脑的多上千百倍。美国心理学家奥斯汀博士又根据他的研究成果发现：当人们的左右脑较弱的一边受到激励而与较强的一边合作时，会使大脑的总脑力效应增加5至10倍。

古今中外许多杰出的科学家、艺术家都是善于运用左右脑的人。20世纪伟大的科学家爱因斯坦的脑袋不单只装满了数学和公式，还酷爱演奏小提琴，年轻时更爱做白日梦。他告诉世人他的《广义相对论》来自一个想象自己乘着一束阳光到宇宙深处旅行的白日梦。实际上，他当时是用右脑塑造一个美丽的思想旅程，接着再用左脑（一个储满丰富科学知识与理论、拥有高度逻辑思考力的大脑），去发展一套崭新的数学及物理理论，来解释他所见到的幻境。

左脑是负责知识的，但左脑发达的人往往因知识丰富而导致先入为主的思维定式，不容易有创造性的发展，而右脑则是负责智慧的，右脑发达的人往往具有巨大的创造力，而所谓天才，正是因为开启了右脑。

一个典型的例子就是法国大文豪雨果。雨果的名作《悲惨的世界》出版时，他寄了一封信给出版社，信上只有一个"？"，意思是销售如何？文坛的评价如何？接到此信的出版社社长也很有趣，他立刻回答了"！"。雨果的这封信大概是全世界最短的一封信。雨果实在是一个标准的右脑型天才，连一封信都能充分发挥右脑的想象力，雨果的其他名作就更不用说了。

英国作家、心理学家托尼·巴赞一针见血地指出："你的大脑就像一个沉睡的巨人。"

那么，如何才能让这位沉睡中的巨人苏醒呢？

心理学实验证明：人脑每思考一个问题，就会在大脑皮层上留下一个兴奋点，思考的问题越多，留下的兴奋点也就越多。然后这许许多多的兴奋点就会形成一个类似于网络的东西，每当你遇到新问题时，只要触动一点，就会牵动整个网络进行相关搜索，以此来解决问题。

所以，唯有多思考，才能使脑细胞的细微结构发生变化，才能在大脑皮层中形成更多的兴奋点，才能使大脑对信息的储存、提取和控制能力有所加强，使大脑更加灵活、敏捷，反应更快，由此，才能使你的全脑资源得到更好的发挥。

早领悟 早成功

我们的大脑具有神奇的力量，它潜藏着巨大的能量和不可思议的创造力。

21世纪是脑能科学的时代。人类的竞争归根到底是脑能的竞争，脑能的竞争其实质便是对全脑资源的充分利用。谁能灵活地运用自己的左右脑，尽可能多地发挥其神奇功能，谁就容易占得先机，领先于别人而取得成功。

用"行停法"进行思考

> "行停法"是由著名的创造学家奥斯本提出的，它通过"行"与"停"的反复交叉来逐步接近所需要解决的问题。用"行停法"进行思考，不仅可以为我们找到解决问题的方法，有时甚至可以帮我们创造一项发明，开创一番事业。

"行停法"是著名的创造学家奥斯本提出来的，它通过行——发散思维（提出创造性设想）与停——收缩思维（对创造性设想进行冷静的分析）的反复交叉来进行，逐步接近所需要解决的问题。"行停法"的具体步骤如下：

首先，行，想出了所需要解决的问题相关联的地方；停，对此进行详细的分析和比较。

其次，行，寻找对解决问题可能用得上的资料；停，如何顺利地得到这些资料。

再次，行，提出解决问题的所有关键处；停，决定最好解决方法。

最后，行，尽量找出试验的方法；停，选择最佳试验方案，直至发明成功。

日本发明家川本正一正是运用"行停法"来发明人工珍珠的。

他先提出人工养珠的一系列问题，如，如何打开蚌贝，用何种物质代替沙粒为珠心，把珠心设置于蚌贝内哪一处，含着珠心的蚌如何饲养等。然后，他搜集有关资料，进行冷静的分析，提出实验的方法。这个过程就是"行"与"停"的思维过程，在实验中，他又通过"行"提出了许多疑问，然后再冷静地分析解决自己提出的疑问。通过不断地"行"、"停"的交叉过程，最后终于发明了人工养珠的方法。

美国的露丝也是运用"行停法"而成功的。1973 年，在美国频遭失业的露丝返回自己的家乡夏威夷。回到夏威夷，为了要找寻一件裙子，她四处搜寻，但结果发现当地的夏威夷宽裙只有一个尺码，而且花样很相像。虽然没有找到自己想要的那种裙子，但这次寻找给露丝提供了一个天赐之机——设计与众不同的夏威夷宽裙。

于是她买了一块带美国本土色彩的花布，然后缝制了一条有花边的宽裙。她把这条裙裁制得宽松合身，既舒服，又不失线条美，结果引起了许多人的注意，这更坚定了她做夏威夷宽裙的决心。她向自己提出了四个问题，并对其进行了细致的分析。

第一个问题是：它是否实用，能否满足人们的需要？露丝知道夏威夷宽裙是极其实用的，因为任何身材的女士都可以穿。就算过胖的人穿上了，身材也会被掩饰得天衣无缝。

第二个问题是：它可以做得更美观吗？露丝想，当然可以，这种宽裙可以做得更时髦，可以有美国本土礼服那么多款式，这处加多一块，那处修窄一块，加层花边。

第三个问题是：它可以做成有别于其他的式样吗？露丝认为只要不用夏威夷的印花布，而改用美国本土流行的布料，这种宽裙就可以用来参加非夏威夷式的派对了。

第四个问题是：它是否比市面上所出售的更佳，可否获优质标志？这些夏威夷宽裙不但实用、美观、与众不同，而且与市面所售的相比，无论在手工和款式上都更物有所值。于是露丝就以 150 美元开业了。

在经营过程中，露丝又找来了相关的设计书籍，并搜寻了大量的相关资料，对其进行冷静的分析，提出了各种设计方法。这个过程就是由"行"到"停"的过程。"行"与"停"相互交叉进行，促使她找到了设计宽裙的最佳方法，由此，露丝的夏威夷宽裙开始盛行起来，露丝的事业之路也越走越宽，越走越顺。后来，露丝又一次获得了成功，她设计的夏威夷宽裙果然风行全美，她也因此获得了很大的利润。

露丝获得成功以后，又有了新的计划与打算。

"我刚接到一个订单，就是为一所护士学校的毕业女生缝制宽裙。每年毕业时，她们都会穿着夏威夷宽裙参加毕业典礼，年复一年，年年如此。她们都是在一间夏威夷的老字号订衣裳。但今年，她们因为觉得我所做的既时髦，又有个人特色，于是就把订单转给了我的公司。

"下一步，我要把这些宽裙向美国本土推销，他们对这种宽裙还没有认识，只因那些设计和布料都不适合罢了。但我已知道什么才行得通，而且我也知道怎样着手，我一定会向全美国推销我的作品。到时它们就不会是夏威夷宽裙，而是'露丝裙'了！"

早领悟　早成功

爱因斯坦说："学习知识要善于思考、思考、再思考，我就是靠这个学习方法成为科学家的。"事实上，赢得一切、拥抱成功的关键，就在于你能不能积极地思考，持续地思考，科学地思考。不懂得运用思考的人，是难以挖掘出丰富的智慧矿藏的；不善于思考的人就不能举一反三，触类旁通，享受创新的乐趣。而只要你将一半的时间用来思考，一半的时间用于行动，你就能成为一个高效能的成功者。

用"头脑助产法"进行思维训练

世界上问题纷繁复杂，我们分析和解决的过程就如同用一把锋利的解剖刀，将问题进行分解、分类，然后再根据各个不同部分的特点来寻找相应的解决方法，那么问题也就会迎刃而解。

古希腊哲学家苏格拉底相貌丑陋，不修边幅，整日在市场上闲逛。一天，苏格拉底在市场上遇到一个正在宣讲"美德"的年轻人。

苏格拉底装作无知的模样，向年轻人请教说："请问，什么是美德呢？"

那位年轻人不屑地答道："这么简单的问题你都不懂？告诉你吧，不偷盗、不欺骗之类的品行都是美德。"

苏格拉底仍然装作不解地问："不偷盗就是美德吗？"

年轻人肯定地答道："那当然啦，偷盗肯定是一种恶行。"

苏格拉底不紧不慢地说："我记得在军队当兵的时候，有一次接到指挥官的命令，我深夜潜入敌人的营地，把他们的兵力部署图偷出来了。请问，我这种行为是美德呢，还是恶行呢？"

年轻人犹豫了一下，辩解道："偷盗敌人的东西当然是美德。我刚才说不偷盗，是指不偷盗朋友的东西，偷盗朋友的东西肯定是恶行。"

苏格拉底依然不紧不慢地说："还有一次，我的一位好朋友遭到天灾人祸的双重打击，他对生活绝望了，于是买来一把尖刀藏在枕头底下，准备在夜深人静的时候结束自己的生命。我得知了这个消息，便在傍晚时分偷偷溜进了他的卧室，把那尖刀偷了出来，使他得免一死。请问我这种行为究竟是美德呢，还是恶行？"

那个年轻人终于惶惶然，承认自己无知，拱手向苏格拉底请教"什么是美德"。

苏格拉底把自己的这种思维分析训练法称为"头脑助产法"，意思是说，正确的观念本来就在你自己的头脑中，但是你在挖掘的时候不得要领。苏格拉底不过采用了一些正确方法，使它们得以顺利地分娩。

著名的水晶大教堂的建立就是舒乐博士运用这种方法的结果。

1968 年春，罗伯·舒乐博士立志在加州用玻璃建造一座水晶大教堂，他向著名的设计师菲力普·强生表达了自己的构想：

"我要的不是一座普通的教堂，我要在人间建造一座伊甸园。"

强生问他的预算，舒乐博士坚定而坦率地说："我现在一分钱也没有，所以 100 万美元与 400 万美元的预算对我来说没有区别，重要的是，这座教堂本身要具有足够的魅力来吸引人们捐款。"

教堂最终的预算为 700 万美元。700 万美元对当时的舒乐博士来说是一个不仅超出了能力范围也超出了理解范围的数字。

当天夜里，舒乐博士拿出 1 页白纸，在最上面写上"700 万美元"，然后又写下了 10 行字：

1. 寻找 1 笔 700 万美元的捐款。

2. 寻找 7 笔 100 万美元的捐款。

3. 寻找 14 笔 50 万美元的捐款。

4. 寻找 28 笔 25 万美元的捐款。

5. 寻找 70 笔 10 万美元的捐款。

6. 寻找 100 笔 7 万美元的捐款。

7. 寻找 140 笔 5 万美元的捐款。

8. 寻找 280 笔 2.5 万美元的捐款。

9. 寻找 700 笔 1 万美元的捐款。

10. 卖掉 1 万扇窗户，每扇 700 美元。

60 天后，舒乐博士用水晶大教堂奇特而美妙的模型打动了富商约翰·可林，他捐出了第一笔 100 万美元。

第 65 天，一位倾听了舒乐博士演讲的农民夫妻，捐出了 1000 美元。

第 90 天，一位被舒乐博士孜孜以求精神所感动的陌生人，在生日的当天寄给舒乐博士一张 100 万美元的银行本票。

8 个月后，一名捐款者对舒乐博士说："如果你的诚意和努力能筹到 600 万美元，剩下的 100 万美元由我来支付。"

第二年，舒乐博士以每扇 500 美元的价格请求美国人订购水晶大教堂的窗户，付款办法为每月 50 美元，10 个月分期付清。6 个月内，1 万多扇窗户全部售出。

1980 年 9 月，历时 12 年，可容纳 10000 多人的水晶大教堂竣工，这成为世界建筑史上的奇迹和经典，也成为世界各地前往加州的人必去瞻仰的胜景。

水晶大教堂最终造价为 2000 万美元，全部是舒乐博士一点一滴筹集而来的。

看似再困难的问题，被分解之后，也有被解决的可能。的确，对当时的舒乐博士来说，拿出 700 万美元来建造一座水晶大教堂是相当困难的事，是一个几乎无法解决的大问题，但是当舒乐博士将它分解到具体的行动中去的时候，他所要做的仅仅是将 700 万美元分解，一步步地筹集钱款而已。

早领悟　早成功

许多人就是由于畏惧难题，所以向难题投降。战胜难题的重要方法之一，就是运用"头脑助产法"灵活分析问题，将问题分门别类，化作一个个小问题，然后有针对性地逐一寻找解决方案。这样，看似很难的问题就得以解决了。

用"移植法"进行创造

"他山之石，可以攻玉。"我们的祖先就已经明白这个道理了。一个人闷在家里闭门造车实在是一件很愚蠢的事情，利用他人的帮助，借鉴他人的经验，都可以让自己事半功倍。我们又何乐而不为呢?

移植法也称"渗透法"，是指将某个学科领域中已经发现的新原理、新技术、新方法，移植、应用或渗透到其他学科、技术领域中去，为解决其他学科、技术领域中的疑难问题提供启示或帮助，从而使它得到新的进展的一种方法。

从思维的角度看，移植法可以说是一种侧向思维方法。它通过相似联想、相似类比，力求从表面上看来仿佛是毫不相关的两个事物或现象之间，发现它们的联系。因而，它与类比法、联想法有着密切的联系，在很多情况下还与灵感思维有关。

掌握移植法，要善于联想，要善于从其他事件、现象中寻求启示。

19世纪中叶的欧洲，由于外科技术落后，大部分患者在做手术后都会受感染而化脓，死亡率很高。医生们对此束手无策。英国医生李斯特眼看许多患者一个个死去，心里很难过。为了找出化脓原因，他昼思夜想，经过很长时间仍一无所得。后来，巴斯德发表了有关有机物腐败和发酵的研究成果，证明有机物腐败系由微生物——细菌所引起。巴斯德的发现，顿时引起了李斯特的联想，让他恍然大悟：病人伤口感染化脓，不就是微生物（细菌）在作怪吗？不久，他又在一次巧合中发现细菌是怎样跑进伤口中去的，于是决定采取石碳酸（苯酚）消毒的办法，终于在1865年首次采用无菌手术获得成功。到1868年时，别的医生术后病人死亡率高达80%以上，而由李斯特做手术的病人，死亡率仅15%。李斯特成功地移植了巴斯德的研究成果（证明腐烂由细菌造成），发展了外科手术的消毒。

移植法的应用不是随意的，而是有它自身的客观基础，即各研究对象之间的统一性和相通性；移植也不是简单的相加或拼凑，移植本身就是一个创造过程。有一种移植是根据移植的需要，去寻找"可移"之物，通过联想而导致移植发明的成功，压缩空气制动器的发明就是一例。

火车发明后，由于制动器的力量太小，在紧急的情况之下，常由于刹不住车而发生重大的交通事故。有一个叫作乔治的美国青年，他目睹了车祸的发生，于是就萌发了要发明一种力量更大的制动器，这就是移植的需要。一天，乔治从当地的报纸上看到用压缩空气的巨大压力开凿隧道的报道，于是他想：压缩空气可以劈石钻洞，为什么不可以用它来制造火车制动器呢？就这样，乔治找到了"可移"之物。反复试验之后，22 岁的乔治终于发明了世界上第一台压缩空气制动器。

他山之石，可以攻玉。在移植法中，这个"他山之石"就是跨行业、跨领域使用的思维方法。"相似"是移植法的关键，我们需努力联想，发现事物的相似性，切入解决问题的思路。主要的修炼要领是：经常打比方来说明问题。

早领悟　早成功

一位创造学家说过："要具备经验迁移的能力，首先必须懂得灵活运用移植思维解决问题。"移植，一直是人类进行创造性思维的重要途径和方法。它能给你的想象力和创造力一个更大的空间，从而达到事半功倍之效。

第八章

迎战问题，利用方法制胜

以"平面思维"方法解决问题

> 在工作中，如果只在一条路上走，很容易会觉得路已经走绝了，但实际上，路的旁边也是路，而且条条都是新的路，只要善于开拓，就能引领你走向成功。

何谓"平面思维"方法？著名思维学家德·波诺的解释是："平面"针对"纵向"而言。"纵向思维"主要依托逻辑，只是沿着一条固定的思路走下去，而平面则偏向多思路地进行思考。为此，他打了一个通俗的比方：

在一个地方打井，老打不出水来。按纵向思考的人，只会嫌自己打得不够努力，而增加努力程度。而按平面思维法思考的人，则考虑很可能是选择井的地方不对，或者根本就没有水，或者要挖很深才可以挖到水，所以与其在这样一个地方努力，不如另外寻找一个更容易出水的地方打井。

"纵向"总是放弃别的可能性，所以大大局限了创造力。而"平面"则不断探索其他可能性，所以更有创造力。

其实，有不少优秀的人，也在通过自己独特的方式来进行这种"换地方打井"的创造。松下电器的西田千秋就是这方面的高手。

20 世纪 50 年代中期，松下电器与日本生产电器精品的大孤制造厂合资，设立了大孤电器精品公司，制造电风扇。当时，松下幸之助委任松下电器公司的西田千秋为总经理，自己任顾问。

这家公司的前身是专做电风扇的，后来开发了民用排风扇。但即使如此，产品还是显得很单一。西田千秋准备开发新的产品，试着探询松下的意见。松下对他说："只做风的生意就可以了。"

当时松下的想法，是想让松下电器的附属公司尽可能专业化，以图有所突破。可是松下电器的电风扇制造已经做得相当卓越，颇有余力开发新的领域。尽管如此，西田得到的仍是松下否定的回答。

然而，西田并未因松下这样的回答而灰心丧气。他的思维极其灵活与机敏，他紧盯住松下问道："只要是与风有关的，任何事情都可以做吗？"

松下并未细想此话的真正意思，但西田所问的与自己的指示很吻合，所以松下回答说："当然可以了。"

5 年之后，松下又到这家工厂观察，看到厂里正在生产暖风机，便问西田："这是电风扇吗？"

西田说："不是。但它和风有关。电风扇是冷风，这个是暖风，你说过要我们做风的生意，这难道不是吗？"

后来，西田千秋一手操办的松下精工的风家族，已经非常丰富了。除了电风扇、排风扇、暖风机、鼓风机之外，还有果园和茶圃防霜用的换气扇、培养香菇用的调温换气扇、家禽养殖业的棚舍调温系统……西田千秋只做风的生意，就为松下公司创造了一个又一个的辉煌。

世界上之所以每天都有很多人碰壁，是因为他们都在千篇一律，规范雷同地运作，习惯固定的思维模式，使生活成为机械化的程序，结果是复杂了你的生活和你的心情。而这种习惯性情绪越多，人的个性也就越容易萎缩。受习惯性思维支配的人，在处理或解决问题时，往往机械呆板。其实在很多时候，只要你稍微改变一下自己的思维结构，就会解决好许多原本麻烦的事。

美国著名的收藏家诺曼·沃特在收藏的初期，为收购到名贵的精品而不惜千金，导致资金严重周转不灵。

一天，沃特脑海中突发异想，为什么一定要收藏名家名品，而不收购些名家的劣画呢？于是在短短一年时间中，他便得到了300多幅劣画。

后来，沃特在各大报纸上登出广告，宣传自己将要举办首届劣画大展，并说明其目的是为了让人们从劣画中学会鉴别，真正认识到名画和好画的价值。

没想到，这个画展空前成功。人们在茶余饭后议论着，更多的人从四面八方赶来，争先恐后地去参观。

从此，沃特成为收藏业中的名人。

"换个地方打井"是人们从无数的事例中，由成功与失败、希望与失望而总结出来的一条精髓之言，它蕴含着极深的哲理，即做任何事情都要把思路扩展开来，如果一味固执己见、不求改变，势必会撞到南墙之上而头破血流。反之，如果善于转移思路，换个地方打井，那么许多原本棘手的问题都会在不知不觉之中轻易地得到化解，而且并不需要耗费你多大的精力与财力。

早领悟 早成功

由于人们思维方式的不同，对待同一个问题，不同的人有不同的处理方法。在许多事情的处理上，只需要我们灵活一些，学会"换地方打井"，哪怕一个很小的"井"，都可能会得到截然不同的结果。

以"类比思维"方法解决问题

类比法是解决陌生问题的一种常用策略。它教我们运用已有的知识、经验，将陌生的、不熟悉的问题与已经解决了的、熟悉的问题或其他相似事物进行类比，从而解决问题。

所谓类比思维方法就是从两个或两类对象具有某些相似或相同的属性事实出发，推出其中一个对象可能是有另一个或另一类对象已经具有的其他属性的思维方法。该方法是古今中外许多知名人士最常运用的一种解决问题的方法，由这种方法所得出的结论，虽然不一定很可靠、精确，但富有创造性，往往能将人们带入完全陌生的领域，并给予许多启发。听诊器的发明就是一例。

一次，法国著名医生雷内克瓦带着女儿到公园玩跷跷板。玩了一会儿，医生觉得有点累，就将半边脸贴在跷跷板的一端，假装睡着了。女儿看着父亲的样子，觉得十分开心。突然，医生听到一声清脆的响声。他睁眼一看，原来是女儿用小木棒在敲跷跷板的另一端。这一现象，立即使医生联想到自己在工作中遇到的一个问题：当时医生听诊，采用的方式是将耳朵直接贴在患者有病部位，既不方便也不科学。医生想：既然敲跷跷板的一端，另一端就能清晰听到，那么，是不是也可以通过某样东西，使病人身体某个部位的声响让医生能够清楚地听见呢？

雷内克瓦用硬纸卷了一个长喇叭筒，大的一头靠在病人胸口，小的一端塞在自己耳朵里，结果听到的心音十分清楚。世界上的第一个听诊器就这样产生了。后来，他又用木料代替了硬纸做成了单耳式的木制听诊器，后人又在此基础上研制了现代广泛应用的双耳听诊器。

类比思维方法具有举一反三、触类旁通的作用。科学史上很多重大发现、发明，往往发端于类比思维方法，该方法被誉为科学活动中的"伟大的引路人"。

瑞士著名的研究大气平流层的专家阿·皮卡尔正是运用类比思维方法创造了世界上第一只自由行动的深潜器。

皮卡尔曾设计出飞到过 15690 米高空的平流层气球，后来他又把兴趣转到了海洋，研究海洋深潜器。尽管海和天完全不同，但水和空气都是流体，因此，阿·皮卡尔在研究海洋深潜器时，首先就想到利用平流层气球的原理来改进深潜器。

在这以前的深潜器，既不能自行浮出水面，又不能在海底自由行动，而且还要靠钢缆吊入水中。这样，潜水深度将受钢缆强度的限制，钢缆越长，自身重量就越大，也就容易断裂，所以过去的深潜器一直无法突破 2000 米大关。

皮卡尔由平流层气球联想到海洋深潜器。平流层气球由两部分组成：充满比空气轻的气体的气球和吊在气球下面的载人舱。利用气球的浮力，使载人舱升上高空，如果在深潜器上加一只浮筒，不也就像一只"气球"一样可以在海水中自行上浮了吗？

皮卡尔和他的儿子小皮卡尔设计了一只由钢制潜水球和外形像船一样的

浮筒组成的深潜器，在浮筒中充满比海水轻的汽油，为深潜器提高浮力，同时，又在潜水球中放入铁砂作为压舱物，使深潜器沉入海底。如果深潜器要浮上来，只要将压舱的铁砂抛入海中，就可借助浮筒的浮力升至海上。再配上动力，深潜器就可以在任何深度的海洋中自由行动。这样就不需要拖上一根钢缆了。第一次试验，就下潜到1380米深的海底，后来又下潜到4042米深的海底。皮卡尔父子设计的另一艘深潜器理"雅斯特号"下潜到世界上最深的洋底——10916.8米，成为世界上潜得最深的深潜器，皮卡尔父子也因此获得了"上天入海的科学家"的美名。

从天空平流层的气球想到海洋深潜器，这无疑是一项富有创造性的设想。类比法无疑是一种富有创造性的思维方法，人们可以用各种不同的事物进行类比，从异中求同，获取更多的创造成果。

天文学家开普勒说："类比是我最可靠的老师。"哲学家康德说："每当理性缺乏可靠的论证思路时，类比这个方法往往指引我们前进。"现在，类比的作用受到了越来越多的重视。日本学者大鹿让认为："创造联想的心理机制首先是类比……即使人们已经了解了创造的心理过程，也不可从外面进入类似的心理状态……因此，为了给创造活动提供一个良好的心理状态，得采用一个特殊的方法，简单地说，就是使用类比。"

在人们的日常生活中，我们也常常会不自觉地运用到类比的方法。最简单的就是买东西时的"货比三家"，从商品的价格、功能状况、使用价值和经久耐用的程度等方面进行比较，然后确定是否买下。虽然它并不能发明什么新的东西，但是解决了选择购买哪一种产品的问题。

类比法不仅仅以这样的方式帮助我们解决实际问题，它更多地被运用到各种发明中去。从人的手臂到机械手、挖掘机，从苍蝇眼到复眼照相机，从海豚的声波到船上的声呐，类比法的各种运用改变了我们的生活。

早领悟 早成功

"类比思维"方法是解决陌生问题的一种常用策略。它让我们充分开拓自己的思路，运用已有的知识、经验将陌生的、不熟悉的问题与已经解决了的熟悉的问题或其他相似事物进行类比，从而创造性地解决问题。

以"侧向思维"方法解决问题

> 面对一个难解的问题时，不要只是从"正面"的角度去考虑。有的时候，通过侧向思维方法，从"侧面"的角度来思考和解决问题，往往会给你带来意想不到的收获！

找到切入点是解决问题的关键。如果去正面找，或者太费劲，或者有其他的不便，这时不妨运用一下侧面思维方法，从侧面去找。

毛姆是英国著名作家。在他未成名前，生活很困窘，写的书卖不出去。后来，他想了一个办法，在一家最有名的报纸上登了一则广告："本人是一位年轻、有教养、爱好广泛的百万富翁，希望找一位与毛姆小说中的女主角一样的女性结婚。"结果，毛姆的小说很快就被抢购一空。

书卖不出去，直接宣传书本身的价值，是正面的做法，但很可能费力不讨好。那么就从侧面做文章：通过一个百万富翁征婚的广告，来刺激人们的兴奋点——究竟毛姆的小说有多大的吸引力，使得这位年轻的百万富翁竟要把其中的人物作为择偶标准？于是，在好奇心的驱使下，大家纷纷购买毛姆的小说。本来是卖书的广告，结果却通过一则征婚广告来实现。这就是运用侧向思维方法的魅力！

如果你是一家电影公司的职员，现在，公司要在另外一个城市开一家新电影院，于是安排你做一件事情：在一到两天的时间内，帮公司寻找一个最适合开电影院的地方。你有把握在这么短的时间内找到吗？

众所周知，开电影院和开商店的经验是一样的：第一是位置，第二是位置，第二还是位置。位置为什么如此重要？因为，商店和电影院生意要兴隆，首先得人气旺。而人气要旺，就必须将位置选择在人流量大、消费能力强的地方。很多人面对这样的问题，很容易根据常规思维，用测算人流量的方法去解决，其中最直接的方法（正向方法），就是每天派人到各处实地考察，但这样需要耗费大量的时间和精力，短时间内得出结果根本不可能。还有一种办法就是请专门的调查公司去做调查，那花费肯定是不小的。除这两种方法外，还有没有更好的方法？

日本一家电影公司的一位高级主管就遇到过这样的问题。但他只采用了一个非常简单的方法，就轻而易举地将问题解决了。

他是怎么做的呢？他带领自己的下属到将要开设电影院的城市的警察局进行调查。调查的目标十分简单：哪个地方平时丢钱包最多，然后就选择丢钱包最多的地方开电影院。

结果证明，这个选择简直太对了，这家电影院成了电影公司开设的众多电影院中最火的一家。

他做出这样选择的理由是什么？因为钱包丢失最多的地方，就是人流量最大、消费活动最旺盛的地方。这位主管所采用的方法，就是侧向思维法。

塞正通侧，即有意不走"正路"，塞住走"正"的可能，却在侧向开辟道路，以达到更理想的效果，这就是从侧向找价值。价值的侧向凸出，经常体现一种"鸡犬定律"——"一人得道，鸡犬升天"，即主要方面价值是明显的，侧面价值依托于主要价值，但是"侧向凸出"的关键还在"凸出"，即把独特的侧向价值挖掘充分，发扬光大。

早领悟 早成功

当一个问题出现在大家面前时，如果别人都是从正面的角度去审视，这时，你不妨去关注与此相关的侧面现象，说不定可以从中挖掘出独特的解决之道。

以"逆向思维"方法解决问题

很多时候，对问题只从一个角度去想，很可能进入死胡同，因为事实也许存在完全相反的可能；有时，问题实在很棘手，从正面无法解决。这时，假如探寻逆向可能，反倒会有出乎意料的结果。

大家都知道，人类的思维具有方向性，存在着正向与反向的差异，由此产生了正向思维与逆向思维两种形式。正向思维是人们最常用的方式，从问题推导结果。但有时这样并不能解决问题，这时就要使用逆向的方法。

所谓逆向思维方法，就是指人们为达到一定目标，从相反的角度来思考问题，或是从问题想要得出的结果推导必须获得的条件，从中引导出解决问题的方法。

一位老妇人在一所幼儿园附近买了一栋住宅，打算在那里安度晚年。

有几个小朋友，经常在课间休息的时候用脚踢房屋周围的垃圾桶。附近的居民深受其害，对他们的恶作剧多次阻止，结果都无济于事。时间长了，只好听之任之。这位老妇人受不了这种噪音，决定想办法让他们停止。

有一天，当这几个小朋友又在狠狠踢垃圾桶的时候，老妇人来到他们面前，对他们说："我特别喜欢听踢垃圾桶发出来的声音，所以，你们能不能帮我一个忙？如果你们每天都来踢这些垃圾桶，我将天天给你们每人 10 元钱的报酬。"小朋友很高兴地同意了，于是他们更加使劲地踢垃圾桶。

过了几天，这位老妇人愁容满面地找到他们，说："通货膨胀减少了我的收入，从现在起，我恐怕只能给你们每人 5 元钱了。"

这几个小朋友有点不满意，但还是接受了老妇人的条件，每天下午继续踢垃圾桶，可是没有从前那么卖力了。几天以后，老妇人又来找他们。"瞧！"她说，"我最近没有收到养老金支票，所以每天只能给你们 1 元钱了，请你们千万谅解。"

"1 元钱！"一个小朋友大叫道，"你以为我们会为了区区 1 元钱浪费时间？不成，我们不干了！"

从此以后，老妇人和邻居都过上了安静的日子。

该怎样让这些淘气小朋友停止踢垃圾桶，不再制造噪音呢？是冲出去将他们训斥一顿，还是苦口婆心教育他们这样已经妨碍了他人的休息？恐怕这些通常人们所想到的办法都没什么效果，甚至强制性的命令只会让他们变本加厉。但是老妇人却出人意料地想出了一个好点子，从制止他们踢垃圾桶，到给钱让他们踢垃圾桶再逐渐减少给他们的钱，让他们从主动愿意踢到没有钱就不乐意踢，这真是一个使用逆向思维方法的典范。老妇人轻易地解决了这个难题，获得了自己想要的宁静。

逆向思维是一种创造性的思维方式，它能将不利条件变为有利条件，将缺点变为潜在动力，出其不意地使自己从劣势变为优势。优秀的人应该具备逆向思维能力和突破传统观念的勇气，这样才能在常人认为不可能的事情中抓住机会，获得发展。

早领悟 早成功

逆向思维是创造发明的一种有效方法，面对需要创新的问题，当从正面难以突破时，如果能反过来思考，就能够对该问题有较为深刻的认识和把握，并有可能获得与众不同的新想法、新发明。所以，你除了运用正向思维外，还要养成逆向思考问题的习惯，这样，你就能突破常规，有所创新。

以"质疑思维"方法解决问题

人们总是羡慕发明创造者，实际上，我们身边就有许多创新机会，就看你善于不善于捕捉它。捕捉创新的机遇，取得意想不到的创新成果，往往取决于我们有没有捕捉问题的敏锐头脑，有没有善于从司空见惯的现象中发现问题、捕捉疑点的慧眼，有没有在权威下过"结论"、做过"论断"的所谓"终极真理"面前敢于质疑的勇气。

质疑，就是对现有事物持科学的怀疑态度，以促使自己进行更深入的思考、分析、研究、改进和创新。质疑思维，是一种以审视的目光、科学的态度、求真的精神进行科学探索的科学思维方法。

古人云："学者先要会疑。""在可疑而不疑者，不曾学；学则须疑。"只有敢于质疑前人的权威性观点，敢于说出自己的独特见解，我们才能真正地学到东西，我们的才能才会得到有效的激发。

古代科学家亚里士多德曾经有一个非常著名的论断：物体的下落速度与它们的质量成正比，越重的物体下落速度越快。一个 10 磅（约 4.54 千克）重的铁球与一个 1 磅（约 0.45 千克）重的铁球，从同样的高度落下，10 磅的铁球会先着地，而且速度比 1 磅的铁球快 10 倍。他还举例说，铁球的落地速度总是比鸟类羽毛快，秋天的落叶总是缓缓飘落，而成熟的苹果却是迅速落地的。

基于亚里士多德的"权威论断"和生活中的部分事实，此后的两千多年间，几乎没有人怀疑过这个"真理"。

终于有一天，一个勇敢的年轻人对此提出了质疑——这个人就是伟大的伽利略，他心想：如果把100磅（约45.36千克）的球和1磅的球连在一起，让他们从高处落下，情况会怎样呢？

于是，伽利略就在比萨斜塔上做了那个著名的自由落体实验，实验证明：轻重不同的物体，在相同的条件下，会同时落地。

按照亚里士多德的理论，就会得到相反结论，就是鸟类羽毛由于体积相对较大，下落过程中其单位重量所受到的空气阻力远远超过了铁球和苹果，因而出现了铁球落地快、鸟类羽毛落地慢，苹果落地快、树叶落地慢的现象——但这并没有影响到伽利略自由落体定律的正确性。

正是因为敢于质疑，伽利略才成为推翻亚里士多德"权威论断"的第一人，同时，也成为物理学中自由落体定律的发现者。

著名的比萨斜塔实验，使伽利略一举成为物理学发展史上一位耀眼的明星。

质疑，是人类创新的出发点，创新常常从问号起步。一个个不平凡的问号，为人们画出一条条创新成功的起跑线。因此，质疑思维中孕育着创新和突破。

哥白尼就是另一个敢于质疑的典型例证，套用他自己的话，他总觉得当时盛行的"天体运行"理论不太对劲。他写道："我花了很长的时间去思考天文学传统中的困惑。造物主这个最有系统的绝佳'艺术家'，为我们创造了这个世界，但我对于哲学家至今仍无法找出世界的运转方式感到无奈。"

这其中让他特别不能释怀的，就是推算地球本身不动而被其他星球环绕的复杂几何，其实有多处矛盾。他凭直觉认为，传统用来解释"地心论"世界观的蹩脚数学推算不可能是正确的，因此他开始推敲地球也会动的可能性，即使这个想法乍听之下非常荒谬，也违反了教会的教条。

哥白尼热切地希望能为这大胆的新观点找到支持的论点。他博览群书，希望能"重读他手上的所有哲学家作品，从中找出任何曾经怀疑过天体的运行并不同于数学理论派观点的看法，以供援引"。哥白尼的研究终于获得成功。他从少数几位哲学家的作品中，找到地球会动的论点，但这些前辈并没有对地球的运行提出正确的解释。哥白尼了解，徒有如此具有革命性的理论却没有证据，是毫无意义的。所以他着手进行支持这一理论的论证，他利用当时手边可得的最佳技术，以最新发展出来的透视法，将观察星球运行的结果，制成当时叹为观止的观测图表。经过 20 多年的漫长研究，他的质疑终于得到了科学的证实。

富于质疑的人总是成功者，而成功者总是拒绝人们划出的分界线，向传统的一切提出挑战。马克思的大女儿燕妮和二女儿劳拉有一次问马克思："您最喜欢的座右铭是什么？"马克思答道："怀疑一切。"同样，"苹果为什么会从树上掉下来？"和"蒸气为什么能顶起壶盖？"分别使牛顿、瓦特名垂千古。

大千世界芸芸众生，许多人默默无闻地走过了一生，不曾留下些许业绩，回首之余总有缺憾。究其根本并非缺少力量和金钱，而是缺乏质疑勇气。其实每一个人都是一个宇宙，每个人的天性中都蕴藏着大自然赋予的质疑能力。从这个意义上说，一个人如果能最大限度地释放出他的质疑潜能，那么他便是一个大写的"人"。

早领悟 早成功

为了要创新，就必须对前人的想法和做法加以怀疑，只有这样，才能够发现前人的不足之处，才能够提高自己解决问题的能力。西方哲学家狄德罗曾经说过："怀疑是走向哲学的第一步。"当我们能够提出自己的疑问，提出自己的质疑时，就说明我们对这个问题有了自己独立的思考，在此基础上，才能够找到新的方法，从而以最快的速度解决问题。

以"换位思维"方法解决问题

换位思维方法，就是设身处地地将自己摆放在对方位置上，从对方的视角看待世界的思维方法。这是一种非常有益又十分实用的好方法，它有时可以帮助你了解对手，甚至预测对方的行动，通过占领先机而获得胜利。

在一次综艺节目中，主持人问了现场嘉宾们一个问题："电梯里总有一面大镜子，那个大镜子是干什么用的呢？"

嘉宾们回答踊跃异常："用来对镜检查一下自己的仪表……""用来看清后面有没有跟进来不怀好意的人……""用来扩大视觉空间，增加透气感……"

经主持人一再地启发，始终没有人能够回答出镜子是干什么用的。最终主持人说出了非常简单的正确答案："肢残人士坐着轮椅进来时，不必费力转身即可从镜子里看见楼层的显示灯。"

原来是这样！原本活泼靓丽、机智风趣的嘉宾们多少有些尴尬，其中有两位颇有些抱怨地说："那我们怎么能想到呢？"

"怎么能想到呢？"——时至今日，我们的确越来越聪明，知识面的确越来越宽广，我们思考一个问题时常可以想到海阔天空。但不幸的是，无论思路扩展到多远，我们往往还是从自己的角度出发的。

再看下面一个场景：

一位老人去商店，走在前面的年轻女士推开沉重的大门，一直等到他进去后才松手。老人家向她道谢，女士说："我爸爸和您的年纪差不多，我只是希望他在这种时候，也有人为他开门。"

我们要经常换个立场，转换角色，设身处地站在别人的角度想问题。如领导者真正站在群众的角度想问题，老师站在学生的角度想问题，企业老总站在工人的角度想问题，商场员工站在顾客的角度想问题，司令员站在士兵的角度想问题，体育比赛时站在对手的角度想问题，家长站在孩子的角度想问题等，将心比心地思考，这就是换位思维。

蒙哥马利就是一个善于运用换位思维的人。

第二次世界大战期间，英国将军蒙哥马利屡建奇功。他有一个习惯，就是将敌军统帅的照片放在自己的办公桌上。与敌军进行战斗时，他总会看着对手的照片，问自己："如果我处在他的位置，我会怎么做？"他认为，这对他做到知己知彼、克敌制胜大有好处。

在苏军中也不乏这样的将领。二战末期，苏联红军突击部队抵达距柏林不远的奥德河时，由于与后续部队脱节，出现人员和物资都供应不上等问题，此时苏军的情况十分危急。

突击部队的统帅朱可夫苦苦思考该如何打开局面，他问他的坦克集团军总司令卡图科夫说："假如你是德军柏林城防司令官黑尔姆特·魏德林，手中掌握 23 个师，其中有 7 个坦克师和摩托师，朱可夫现已兵临城下，而后继部队还远在 150 公里之外。在这种局面下，你会采取怎样的行动？"

卡图科夫思索了一会儿，说："如果是我，我会用坦克师从北面发动攻击，切断后继部队来会合的通路。"

"的确，如果是我，我也会这么做。这是唯一的好机会啊。"于是朱可夫立即下令，第一坦克集团军火速北上，果然一举歼灭实施侧翼反击的德军，保证了柏林战役的胜利。

无论是蒙哥马利还是朱可夫，他们的胜利都借助了换位思维。多问自己：如果我是他，我会怎么做？这将帮助我们更好地了解对方。换位思维能帮助我们了解对方，而只有了解对方，才可能战胜对方！

换位思维人人都可以做到，它不是一种复杂的技巧，而是一种人生态度，只要你愿意，你就可以做到。

早领悟 早成功

运用换位思维转换位置，从对方所处的境地以对方的角色、立场、观点、处境来思考问题。这样，由于所处的境地不同，观点、思考的界面也会不同，对同一事物往往会得出与换位思维前不同的看法，从而也更容易找到解决问题的新方法。

以"简化思维"方法解决问题

简单的未必一定是最好的，但是简单的在很多时候是最好的解决方法。随着科技的进步，人们现今追求的是什么？就是使自己的工作、生活越来越简便，让机器代替许多原本繁复的手工工作。如果能够简单地解决问题，为什么还要追求那些"复杂且高深"的方法呢？

在许多人的印象中，思维方法仿佛是与复杂结缘的。他们不仅把问题看得复杂，更把解决问题的方式变得复杂，甚至钻到"牛角尖"里无法出来。学会把问题简单化，是顶级智慧的体现。

一位年轻人从商校毕业后，准备开家制帽店，首要的一件事便是要制作一个漂亮的招牌，写上合适的广告词。他拟了这样的话："制帽商宋振帅，制造并收现钱出售帽子。"下面画了一顶帽子。

他征求朋友们的意见，以便修改完善，让他的广告更响亮，生意能更好。

第一位朋友看了认为，"制帽商"与后面的"制造"重复。于是，将"制帽商"删去。

第二位朋友说："'制造'一词也可以去掉。如果我是顾客，我才不关心帽子是谁做的。只要帽子合适，质量好，我就会购买。"于是，他又将"制造"二字删去。

他又请教了第三位朋友，朋友给出的建议是："现钱"二字毫无意义，因为当地并无赊卖的习俗，这两个字又被删除了。这样，就只剩下"宋振帅出售帽子"。

"出售帽子！"又一位看到了这句广告，然后说："并没有人认为你会白送呀！'出售'二字没有任何意义。"于是，"出售"二字也被删去。

最后，干脆把"帽子"二字也删掉，因为广告牌上已经画了一顶帽子，何必画蛇添足呢？结果，招牌只剩"宋振帅"几个字，底下画着一顶帽子。

而这个简单的广告招牌，为这家制帽店带来了许多生意。因为它的店名简单易记，许多顾客口口相传，不久就成了知名的商店，店的规模也扩大了。

因为简单，所以人们都记住了这个店名；虽然简单，但是却给人留下了深刻的印象。

简单的并不一定效果不佳，复杂的也并不一定是最好的，有时恰恰是费时费力的方法。

在高科技的时代，人们习惯了复杂，却往往忽略了最简单、最原始的一些东西。过去我们依赖解决问题的简单原始的方法必定也有其一定合理的地方，在某些时候，他们恰恰是解决问题的最好方法。

一家杂志社曾举办过一项奖金高达数万元的有奖征答活动，内容是：

在一个充气不足的氢气球上，载着三位关系着人类命运的科学家。

第一位是一名粮食专家，他能在不毛之地甚至在外星球上，运用专业知识成功地种植粮食作物，使人类彻底摆脱饥饿。

第二位是一名医学专家，他的研究可拯救无数的生命，使人类彻底摆脱诸如癌症、艾滋病之类绝症的困扰。

第三位是一名核物理学家，他有能力防止全球性的核战争，使地球免于遭受灭亡的绝境。

此刻热气球即将坠毁，必须丢出去一个人以减轻重量，使其余的两人得以存活，请问，该丢出去哪一位科学家？

征答活动开始之后，因为奖金数额巨大，很快吸引了社会各界人士的广泛参与，并且引起了某电视台的关注。在收到的应答信中，每个人都使出浑身解数，充分发挥自己丰富的想象力来阐述他们认为必须将哪位科学家丢出去的"妙论"。

最后的结果通过电视台揭晓，并举行了热闹的颁奖仪式，巨额奖金的得主是一个 14 岁的小男孩。他的答案是：将最重的那位科学家丢出去。

许多时候，人们习惯性地将一个问题想得复杂且高深，这不仅成为解决不了问题的借口，使自己得到心灵上的安慰，更为许多人找到了一个标榜自己的机会。因为在大多数人的认识中，"复杂且高深"的问题必定有一个与之匹配的复杂解答方法。所以在孜孜不倦追求这些复杂解题方法的时候，人们却看不见简单的方法。

明代冯梦龙所著《智囊》，是一部研究智慧的经典，书中将"通简"放在第一部的《上智》之中。"通简"卷的序言是这样写的："世本无事，庸人自扰；唯则通简，冰消日皎。" 翻译成现代文，大意是：世上许多事情，其实都是庸人们自己制造出来的。只要通情达理，以一种不把事情搞复杂的方式去处理，问题就会像太阳一出冰雪融化一样解决了。

很多事情解决起来很简单，并没有看上去那么复杂。如果把一个简单的问题想得过于复杂，那么只会适得其反，让我们离问题的解决越来越远。

早领悟 早成功

在很多情况下，人们往往把自己置于思维的复杂化之中，实际上很多事情并不像我们想象的那么复杂。尽管这听起来有些不可思议，但就实际而言，如果我们能多一份沉静与轻松，少一份冥思与苦心，把复杂的事情用简单的方法去做，就能获得奇妙的效果。

以"灵感思维"方法解决问题

> 天才之所以成为天才是因为在面对别人也能遇到的启示时，他们能迸发出灵感的火花，而别人却依旧茫然。这都是他们标新立异的个性使然。因为标新立异，所以他们不会想当然，而是发挥其非凡的创造性想象力，激活瞬间的灵感。

很多人都有这样的体验：面对一个难题，于是费了吃奶的劲去寻找解决方法，可是什么办法都不奏效。没有办法！

你垂头丧气，疲惫不堪。你受够了，最后就放弃了。

过了一段时间后，突然在你最意想不到的时候，呀！你猛一抬头，双眼圆睁，突然意识到，你已神助似的找到了解决问题的答案——这就是灵感。

灵感是在人们头脑中普遍存在的一种思维现象，同时它也是一种人人都能够自觉加以利用的思维方法。有些人说自己从未出现过灵感，这主要是因为他们还不了解什么是灵感，灵感有些什么特点和规律，因而即使他们头脑中已经出现了灵感，也往往会感觉不深，把握不住。

艾默·盖兹博士是美国伟大的教育家、哲学家、心理学家、科学家及发明家，他一生中所发明的产品逾数百种。

一次，拿破仑·希尔造访盖兹的实验室。他依约抵达时，盖兹博士的秘书却说："对不起，此刻我不能打扰博士。"

"我要等多久才见得到他？"拿破仑·希尔问。

"不知道，可能要3个钟头。"

"你可否告诉我不能打扰他的原因？"

秘书小姐略为迟疑之后说："他在等待灵感。"

拿破仑·希尔笑着问："等待灵感是什么意思？"

秘书也报以微笑说："让盖兹博士自己解释更好。我真的不知道要等多久，但是你最好在这里等他；如果你要改天再来，我会尽量帮你安排确定的时间。"

拿破仑·希尔决定等，这真是明智的选择。拿破仑·希尔描述当时的情形：

"盖兹博士终于走出了房间，他的秘书为我引介。我们的交谈十分愉快，后来，他愉快地说：'有没有兴趣看我等待灵感的地方？'

"他带我到一个有隔音设备的小房间，里面只有一张桌子和一把椅子。桌子上放着一堆纸，几支铅笔，一个电灯的开关。

"盖兹博士解释说，遇到问题无法解决时，他会走进房间，把门关上，坐下来，把灯熄掉，开始沉思。他应用全神贯注的成功法则，把问题交给潜意识处理；有时毫无灵感，有时灵感却如泉涌而来。等待的时间可能长达两个钟头。灵感出现时，他会把灯打开，逐一写下来。"

盖兹博士创新及改良的专利产品超过 200 种，其中包括许多人研究过，却功亏一篑的东西。他会先仔细研究产品的功能和用途，找出缺点，再把产品和资料、图纸带进房间，专注地思考处理的方法，补上不足的部分。

拿破仑·希尔问盖兹博士，他所等待的灵感从哪里来？盖兹说，所有的灵感都来自教育、观察及自身的经验所得的知识，储存在潜意识中；别人所得的知识，以心电感应的方式互相累积；大脑的潜意识串联宇宙中无尽的知识。

灵感是一种把隐藏在潜意识中的过去曾学习、体验、意识到的事物信息，在强烈地需要解决某个问题时，以适当的形式突然表现出来的顿悟现象。它有时可以让一个心灰意冷的人看到希望的光芒。

美国教育家卡耐基说，你获得强项可能源于某一次灵感的点击，突然找到了自己的长处。因此，当你得到一条一闪而现的奇思妙想时，请你立即把它记下来。这也许就是你正在寻找的"更多的东西"。我们相信同"无限智慧"的交际是通过下意识心理进行的。你应当养成一个习惯：当一种奇思妙想从你的潜意识心理闪现到你的有意识心理时，你就该把它立刻记录下来。

奥斯卡使用的工具，也同样是笔记簿和铅笔，灵感出现时，立刻记下来。他说："每个人都有相同的创造力，大多数人却不会运用。"奥斯卡在《运用想象力》中提到的脑力激荡，被普遍运用在大学课堂、工厂、企业办公室、教堂、俱乐部及家庭之中。脑力激荡的方法非常简单，只要有两三个人，互相批评或反驳，等到会后再逐一评估每个建议实际的可行性，这样就能找到问题的最好解决办法。

早领悟　早成功

灵感思维是最具创新活力、最富创新潜力的智慧资源，是蕴藏在人们大脑中的"第一金矿"。在创造性思考的快车道上，灵感思维备受创新者瞩目。任何一个人，只要善于捕捉灵感思维的火花，就会有所创新。让灵感叩开你的心扉，成功就会属于你。

以"联想思维"方法解决问题

> 记得有位名人说过："联想是创造的根源，不会联想的人是永远造不出新的东西的。"的确，一个人要具有丰富的联想，才会出现各种灵感以及各种具有创造雏形的思维，才能产生最后的具有实质性的创造行为。

联想思维方法是指人们在头脑中将一种事物的形象与另一种事物的形象联系起来，探索它们之间的共同的或类似的规律，从而解决问题的思维方法。

历史上许多创造与发明都来自联想。前人从观察猫掌与猫爪联想发明了钉鞋；从观察蜘蛛网联想发明了吊桥；美国人查理士从观察波浪的起落联想创造了道·琼斯股价理论。总之，联想是客观事物之间的联系在人脑中的反映，它可以不断开拓人们的思路，升华人们的思想。

詹姆斯教授说："我们的头脑基本上是一部联想的机器。"充分发挥联想思维的威力，是打破惯性思维的有效方法。

作为一种极其重要的心理活动过程，联想思维很早就引起了人们的注意。早在公元前4世纪，古希腊哲学家亚里士多德就注意到并研究了这种心理的活动，提出了如下的"联想律"。

第一，接近律。世界上的事物千差万别，以各种各样的形式出现，但它们经常或在时间上或在空间上相接近，因而由其中的一个概念就可以引发出与之相接近的其他概念，如想到"生病"，就会联想到"打针吃药"。这样引起的联想称为接近联想。

第二，相似律。对于彼此间在性质上有相似之处或共性的各种事物，通过对一种事物的感知或回忆，便能引起对与之相似事物的感知或回忆，如想到"收音机"，就会联想到"电视机"、"收录机"等。这种联想称为相似联想，它反映的是事物间的相似性和共性。

第三，对比律。凡彼此相反的各种概念也会彼此发生联系，因而可由其中的一个概念引发出与之相对的概念，如由"黑"联想到"白"等，这就是对比联想。

除上述三种"联想律"外，后人还提出了其他的联想规律，如"因果律"等。

联想思维需要对事物进行广泛了解，而不是凭空瞎想。当你对外部事物了解得很多了，遇到某一难题时，就会从你大脑储存的信息中发掘出联想的事物。

有这样一个故事：

日本有一个南极探险队，准备在南极过冬，他们打算把船上的汽油输送到基地，但遇到一个大难题：输油管不够长，汽油无法从科学考察船中送到基地，这如何是好？大家都心急如焚。

"不妨用冰来做管子试一试。"队长西崛荣三郎突发奇想。南极气温极低，到处都是冰天雪地，称得上滴水成冰。用冰做管子当然不成问题。但最关键的问题是如何使冰成为管子的形状而又不破裂渗漏。

西崛荣三郎接着联想到医疗上使用的绷带，他设想：把绷带缠在铁管子上，然后在上面浇水，待水结成冰后，再抽出铁管，这样不就能做成冰管子了吗？一试，果然获得了成功。

他们把做好的冰管子一截一截地连接起来，需要多长就能接多长，就这样，在人迹罕至的南极解决了输油管的大问题。

西崛荣三郎为了解决输油管长度不够的问题，竟由铁管、橡皮管、塑料管等事物形象联想到就地取材，把绷带缠在铁管上，浇上水，使其冻成冰管。他运用这种自由联想，解决了管子不够用的大难题。

联想思维是一种重要的思维方式，具有流畅性、多端性、灵活性、新颖性和精细性等特点。掌握联想思维方法的人，处理问题时办法多、效果好。

许多人成功的事实表明，他们往往能抓住生活中的偶发事件，产生丰富的联想，构筑艺术作品或进行科学技术发明等，如托尔斯泰的《安娜·卡列尼娜》就源于一件女子卧轨的新闻事件。魏格纳从看到世界地图联想到大陆漂移说，贝尔从听到吉他声想到改装电话机……这些联想的力量是何等的惊人。

联想是由一事物想到另一事物的心理反应。联想是运用概念的语言属性的衍生意义的相似性，来激发创造性思维的方法。联想可以唤醒沉睡的记忆，把当前的事件与过去的事件有机地联想起来，产生创造性的设想。记得有位伟人说过："联想是创造的根源，不会联想的人是永远造不出新的东西的。"的确，一个人只有具有丰富的联想，才会出现各种灵感以及各种具有创造雏形的思维，才能产生最后的具有实质性的创造行为。

早领悟　早成功

联想思维，就像手中转动的万花筒，每转动一次，我们就会看到越来越丰富多彩的新图案，得到越来越多的、质量越来越高的新设想。因此，面对需要思考和解决的问题，展开丰富的联想思维，从多种多样的信息中，多角度、多渠道地把问题处理好，是我们日常工作中应该掌握和具备的能力。

以"逻辑思维"方法解决问题

爱因斯坦曾经指出："作为一名科学家，他必须是一个'严谨的逻辑推理者'。"其实，无论是科学界还是其他各行各业，甚至是在日常生活中，如果你习惯用逻辑思维来分析问题，一定可以掌握事物的本质，有效地解决问题。

逻辑思维是人脑的一种理性活动，是把对事物认识的信息材料抽象成概念，运用概念进行判断，再用判断按一定逻辑关系进行推理，从而产生新的结论和思想认识。下面的故事就反映了逻辑思维的价值。

美国有一位工程师和一位逻辑学家是无话不谈的好友。一次，两人相约赴埃及参观著名的金字塔。到埃及后，有一天，工程师独自在街头闲逛，忽然耳边传来一位老妇人的叫卖声："卖猫啦，卖猫啦！"

工程师一看，在老妇人身旁放着一只黑色的玩具猫，标价 500 美元。工程师用手一举猫，发现猫身很重，看起来似乎是用黑铁铸就的。不过，那一对猫眼则是珍珠镶的。

于是，工程师就对那位老妇人说："我给你 300 美元，只买下两只猫眼吧。"

老妇人因孙子病重急需用钱，就同意了。工程师高高兴兴地回到了宾馆，对逻辑学家说："我只花了 300 美元竟然买下两颗硕大的珍珠。"

逻辑学家一看这两颗大珍珠，忙问朋友是怎么一回事。当工程师讲完缘由，逻辑学家忙问："那位妇人是否还在原处？"

工程师回答说："她还坐在那里，想卖掉那只没有眼珠的黑铁猫。"

逻辑学家听后，忙跑到街上，给了老妇人 200 美元，把猫买了回来。

工程师见后，嘲笑道："你呀，花 200 美元买个没眼珠的黑铁猫。"

逻辑学家却不声不响地坐下来摆弄这只铁猫。突然，他灵机一动，用小刀刮铁猫的脚，当黑漆脱落后，露出的是黄灿灿的一道金色印迹。他高兴地大叫起来："正如我所想，这猫是纯金的。"

原来，当年铸造这只金猫的主人，怕金身暴露，便将猫身用黑漆漆过，俨然是一只铁猫。对此，工程师十分后悔。此时，逻辑学家转过来嘲笑他说："你虽然知识很渊博，可就是缺乏一种缜密的逻辑思维。你应该好好想一想，猫的眼珠既然是珍珠做成，那猫的全身会是不值钱的黑铁所铸吗？"

逻辑学家正是运用逻辑思维方法，从珍珠制作的猫眼，推断出猫的价值会更高，而绝非为表面看到的黑铁的价值。

逻辑思维方法不仅可以帮助我们做出有价值的判断，有时还可以帮助我们解决很多问题。下面故事中的石狮子，就是运用这种方法才得以重见天日的。

在河北沧州城南，曾有一座靠近河岸的寺庙。一年运河发大水，寺庙的山门经不住洪水的冲刷而倒塌，一对大石狮子也跟着滚到河里去了。

十几年之后，寺庙的和尚想重修山门，他们召集了许多人，要把那一对石狮子打捞上来。可是，河水终日奔流不息，隔了这么长时间，到哪里去找呢？一开始，人们在山门附近的河水里打捞，没有找到。于是大家推测，准是让河水冲到下游去了。于是，众人驾着小船往下游打捞，寻了十几里路，仍没有找到石狮子的踪影。

一位教书先生听说了此事后，对打捞的人说："你们真是不明事理，石狮子又不是碎木片儿，不是木头，怎会被冲到下游？石狮子坚固沉重，陷入泥沙中只会越沉越深，你们到下游去找，岂不是白费工夫？"

众人听了，都觉得有理，准备动手在山门倒塌的地方往下挖掘。

谁知人群中闪出一个老河兵（古代专门从事河工的士兵），说道："在原地方是挖不到的，应该到上游去找。"众人都觉得不可思议，石狮子怎么会往上游跑呢？老河兵解释道："石狮子结实沉重，水冲不走它，但上游来的水不断冲击，反会把它靠上游一边的泥沙冲出一个坑来。天长日久，坑越冲越大，石狮子就会倒转到坑里。如此再冲再滚，石狮子就会像翻'跟头'一样慢慢往上游滚去。往下游去找固然不对，往河底深处去找岂不更错？"

根据老河兵的话，寺僧果然在上游数里处找到了石狮子。

在众人都靠着自己的感性认识而做出各种揣测时，老河兵凭着其对水流习性的熟识，借着事物层层发展的严密逻辑，推出了正确的结论。如果仅仅具有感性认识，人们对事物的认识只可能停留在片面的、层面上，根本无法全面把握事物的本质，做出有价值的判断，也就无法从根本上解决问题。

早领悟 早成功

逻辑思维是人类最基本、也是运用最广泛的思考方式。运用"逻辑思维"方法解决问题，可以使我们更深入地理解问题的条件，分析其关键所在，找到突破口，进行有根有据的推理，做出正确的判断，从而找到问题的答案。

以"发散思维"方法解决问题

发散思维是一种重要的创造性思维，它不依常规，寻求变异，突破原有的知识圈，对给出的材料、信息能够从一点向四面八方扩散，沿着不同的方向、不同的角度，用不同的方式或途径进行分析，找出更多更新的可能的答案、设想或解决办法。

发散思维又称辐射思维、扩散思维，是指人在思考问题时，思维会以某一点为中心，沿着不同的方向、不同的角度，向外扩散的一种思维方式。

有人做过一个实验，在黑板上用粉笔画了一个白点，问一群成年人，他们在黑板上看到了什么，成年人异口同声地回答看到了"一个白点"，除此之外，好像什么也没有看到。实验者用同样的问题问幼儿园里的小朋友，小朋友争相发言，答案却各不相同。有的说看到了"一粒白色的纽扣"，有的说看到了"一颗白色的子弹"，有的说看到了"夜晚的白色月亮"，有的说是"一粒白色的珍珠"，有的说是"一朵白色的小花"，有的说是"一滴眼泪"、"一粒米"、"一粒雪珠"……

为什么成年人和小朋友的回答会有如此大的差异呢？关键是成年人用的是单一思维方式，在成年人看来，是什么就是什么，实事求是，一个问题只能有一个答案。而幼儿园小朋友用的是一种人类本能的发散思维方式，在他们头脑里根本没有"标准答案"这个概念，因而他们会自然地把"白点"想象成各种类似的东西，答案自然就丰富多彩起来。

在美国，有这样的一个故事：有一次，美国的一段长达 1000 公里的电话线上，积满了因大雾而形成的凝结物，严重影响了电话通信的正常进行。为了尽快恢复正常通信，负责这一段线路的主管部门向社会各界紧急征求"能以最短时间清除凝结物"的方案。有关专家和其他人员纷纷应征，提出了不少建议。主管部门对提出的这些建议都不满意。有的做法复杂烦琐，有的需时过长，有的花钱太多。主管部门通过新闻媒体及时将这些建议公开做了报道，希望能引起公众的进一步关注和讨论，提出更多更好的建议来。后来，空军的一位飞行员提出一个方案：驾驶直升机沿电话线上空飞行，向下垂直喷射强大的气流，以清除电话线上的大雾凝结物。这一方案最后被采纳实施，效果又快又好。据线路主管部门事后公布的材料说，这位空军飞行员提出的做法是他们收到的第 36 号方案。

通常情况下，在面对一个问题时，我们所需的是问题的答案或者说某种结果，而非寻求答案的过程或手段。"不管白猫、黑猫，抓住老鼠都是好猫。"只要能够捉到老鼠，就是狗、羊，我们也应该接受。发散思维是创意的温床，它要求我们不要固化自己的思维和评判标准，要敢于探寻所有可能的答案。

早领悟 早成功

很多从常规思维角度去思考认为是办不到、不可能实现的事情，但是从发散思维角度去思考，往往就能办成，不可能实现的目标最终也会实现，这就是发散思维的神奇之处。

以"系统思维"方法解决问题

将所面对的事物或问题，作为一个整体，作为一个系统来加以思考分析，从而获得对事物整体的认识，或找到解决问题的恰当办法的思维方法就是系统思维法。现实生活中，不善于进行系统思维就容易遭受挫折或造成损失，而善于着眼于系统就能够获得巨大的成功。

系统思维方法也叫整体思维方法，是一种含金量很高的思维方式。它要求人们用系统眼光从结构与功能的角度重新审视多样化的世界，把被形而上学地分割了的现象世界重新整合，将单个元素和切片放在系统中实现"新的综合"，以实现"整体大于部分的简单总和"的效应。

我国古代都江堰水利工程就是运用系统的思维方法而设计与构建的。都江堰水利工程是由鱼嘴、飞沙堰、宝瓶口三项主体工程和120多个附属渠堰工程组合而成。位于江中的鱼嘴犹如一把利剑，将岷江一分为二，让靠近内江的水直泻宝瓶口，流灌川西平原，而宝瓶口又迫使岷江之水由西向东穿山而过，排洪、防旱；飞沙堰使内江之水平时逼近宝瓶口，洪水时溢过堰顶回流入外口，避免内江灌溉受灾，三大主体工程同120多个附属渠堰工程既分工又合作，各自发挥独特作用，使整个工程具有调节水势、灌溉良田、飞水防洪、飞沙防涝的多种功能，达到了变水患为水利，造福人民，发展生产，调节生态平衡的总目的，堪称系统工程的杰作。

"酒店大王"希尔顿也是一个善于以"系统思维"方法解决问题的人。一次，希尔顿在盖一座酒店时，突然出现资金困难，导致工程无法继续下去。在苦思良久之后，他突然心生一计，找到那位卖地皮给自己的商人，告知自己没钱盖房子了。地产商漫不经心地说："那就停工吧，等有钱时再盖。"

希尔顿回答："这我知道。但是，假如盖不下去，恐怕受损失的不只我一个，说不定你的损失比我的还大。"

地产商十分不解。希尔顿接着说："你知道，自从我买你的地皮盖房子以来，周围的地价已经涨了不少。如果我的房子停工不建，你的这些地皮的价格就会大受影响。如果有人宣传一下，说我这房子不往下盖了，是因为地方不好，准备另迁新址，恐怕你的地皮更是卖不上钱了。"

"那你要怎么办？"

"很简单，你将房子盖好再卖给我。我当然要给你钱，但不是现在给你，而是从营业后的利润中，分期返还。"

虽然地产商非常不情愿，但仔细考虑，觉得他说的也在理，何况，他对希尔顿的经营才能还是很佩服的，相信他早晚会还这笔钱，便答应了他的要求。

在很多人眼里，这本来是一件完全不可能做到的事，自己买地皮建房，但是最后出钱建房的却不是自己，而是卖地皮给自己的地产商，而且"买"的时候还不给钱，而是从以后的营业利润中来偿还。但是希尔顿做到了。

为何希尔顿能够创造这种常人感觉不可思议的奇迹呢？就在于他妙用了一种智慧——系统智慧。

如今人类已经进入系统时代。自 20 世纪 40 年代以来，运用系统思维方法作为一种方法论，已在解决许多复杂的大系统工程中发挥了重要的作用。例如，美国的"阿波罗登月计划"、卫星系统工程、环境生态问题、城市规划系统等，都需要借助运用系统思维方法解决问题。面对着大科学、大经济时代，认识和掌握系统思维方法，培养和发展系统思维能力，对于创建成功的事业有着不可估量的作用。

早领悟 早成功

"系统思维"方法是历史悠久而又最有创造性的思维方法之一。在处理一件事情时，我们一定要明白：一件事情就是一个系统。处理一个问题的过程，也是一个系统处理的过程。在考虑解决某一问题时，不要采取孤立、片面、机械的方式，而是当作一个有机的系统来处理。只有这样，你才能做到面面俱到。

下　篇

找对方法做对事

扫码获取
更多资源

第一章

心态决定你的命运

如何塑造你的阳光心态

> 　　阳光就是快乐，就是幸福，就是安详，就是富足，就是世界上最纯粹、最美好的一种存在，它驱除阴暗、沐浴四方，播撒着快乐与博爱的光芒。一个人只有拥有阳光的心态，才能欣赏人生旅途中那亮丽无限的风光。

　　一家著名的网站 2005 年年底在上海、南京、杭州、广州等 12 个城市进行了名为"快乐生活 PK 台"的调查活动。"快乐生活"是此次调查活动的主题，在历时一个月的快乐指数调查中，有 37.72% 的网友选择了"总的来说是快乐的"，有 41.64% 的网友表示"不快乐的时候多"，还有 20.64% 的网友表示"很痛苦，想换种生活"。总体来说，"生活着但不快乐"的人占了被调查者的大多数，人们的快乐指数令人担忧。

　　为什么很多人都不快乐？曾经广泛流传的一段话，也许可以从一个侧面说明这个问题："身无分文时不快乐，腰缠万贯后也不快乐；被人使唤时不快乐，使唤别人后仍然不快乐；当学生时不快乐，打工挣钱后还是不快乐；在国内不快乐，折腾到国外后同样不快乐。一句话，活得太累，生活里没有阳光。"

其实，生活中不是没有阳光，是因为你总低着头；不是没有绿洲，是因为你心中只有一片沙漠。如果你想放松心情，以阳光的心态开始每一天，那么你就要积极主动地调整自己的心态。心态调整是一个复杂的心理和生理过程，但在看似神秘的迷雾中，也有一些可以把握的规律和方法。

塑造阳光心态，要有明确的人生目标。我们的人生目标不能太单一，也不应该单一。我们不能成为世俗成功标准的奴隶。我们不能一辈子活着只为了工作、事业、金钱、权力、名誉，还有比这些更重要的东西，比如健康、家庭、孩子、兴趣、学习、朋友、服务他人、精神愉悦等。

塑造阳光心态，要积极走好人生的每一个"今天"。心态不积极的人都有一个相同的特质，就是对明天和将来充满焦虑和担心。要想走好人生的每一个"今天"，我们首先要做的不是对未来杞人忧天，而是要着手做当下能够把握的事。集中你所有的智慧和热忱，把今天的工作做得尽善尽美，在今天的生活中细细感受幸福和快乐。须知，昨天是张作废的支票，明天是张信用卡，只有今天才是现金，最值得你善加利用。

塑造阳光心态，要彻底弄清自己的真正需要。我是一个什么样的人？我想成为什么样的人？我的人生目标是什么？什么是我的最爱？什么是我真正追求的东西？我如何定义成功、快乐和幸福？这些问题明确了，给自己一个确定不疑的答案，每当遇到疑难问题时就用这些标准去解释、去衡量，我们自然就会得到心灵的平静，找到生命的阳光和快乐的源泉。

塑造阳光心态，要拥有一个健康的身体。健康的身体是我们塑造阳光心态的基础。加强锻炼，保证充足的睡眠，摄入足够的营养，这些都应该纳入我们平时工作与生活的计划之中。通过保持健康，你可以增加精力和耐力，帮助你抵抗压力与消极情绪的侵袭。

塑造阳光心态，要确立多元成功思维模式。比如说，是一只乌龟，就不要和兔子赛跑，而要和它比长寿。多元化成功并不要求每个人都去刻意重复别人的成功之路，或者用别人的标准来评价和衡量自己，它要求我们拥有完整、均衡、和谐的人生态度，并能不断地追寻自己的理想和兴趣，不断地学习和实践。如果从这些方面严格要求自己，让自己的每一天都能有新的收获和新的提高，那么，无论是否取得了预期的结果，这种努力本身就是一种成功的尝试。

塑造阳光心态，要不以物喜，不以己悲。徐志摩在《再别康桥》中这样写道："悄悄的，我走了，正如我悄悄的来；我挥一挥衣袖，不带走一片云彩。"其实生活中的快乐和痛苦也是如此。当你处于大喜或大悲中的时候，不要认为它将会成为你永恒的状态，而是要高高兴兴地去享受那个时刻，把它当作人生的一次体验。

塑造阳光心态，要铺好自己的人际交往路。其实生活中很多不良情绪的产生都是因为沟通不畅造成的，所以，平时要积极改善人际关系，特别是要加强与上司、同事和下属的沟通，注意与配偶、孩子、父母、朋友进行情感交流。

塑造阳光心态，压力太大时要适时"弯曲"。刀再锋利，如果一碰就断，也没有什么用。面对压力，我们如果一味地往前冲，将自己逼到崩溃的边缘，最终反而失去更多。我们应该懂得张弛有度、松紧适当的生活哲学，当面临繁忙的工作和巨大的压力时，要提醒自己适当地放慢节奏，轻轻松松地向前走。

塑造阳光心态，要学会卸掉沉重的怀旧包袱。从昨天的坎坷和风雨里走来，我们的身上难免沾上世俗的尘土和霉气，心中也多少会留下一些酸楚的记忆。如果总是背着沉重的怀旧包袱，为逝去的流年伤感不已，为昨天的失误捶胸顿足，那只会白白浪费眼前的大好时光，也就等于放弃了现在和未来。

要想成为一个快乐的人，最重要的一点就是记得随手关上身后的门，学会将过去的错误、失误通通忘记，不要沉湎于懊恼、后悔之中，一直往前看，这时你会发现，伴随着每一天太阳的重新升起，每一天也都是我们新生命的灿烂开始。

英国作家萨克雷说："生活就是一面镜子，你笑，它也笑；你哭，它也哭。"如果你的生活充满了阳光，那么你才会得到真正的快乐和幸福，才能够切身体会到作为一个人所能拥有的精彩。正所谓，你笑，生活也会向你笑。

早领悟 早成功

活得太累，其实是心累。对于每一个人来说，我们可能无法左右或影响外部环境的变化，唯一可以做到的，就是在晴空万里的日子里享受阳光，在阴云密布的日子里心中仍然充满灿烂的阳光。

如何塑造你的归零心态

> 归零心态可以让我们随时对自己拥有的知识和能力进行清理，清空过时的垃圾，为新知识、新能力留出空间，与时俱进，永不自满。

哈佛大学校长来中国一所著名学府访问时，讲了一段自己的亲身经历。

有一年，这位校长突发奇想，向学校请了3个月的假，只身一人，来到了美国南部的农村，尝试着过另一种全新的生活。他到农场打工，去饭店刷盘子。在农场做工时，背着农场主吸支烟，或者和自己的工友偷偷说几句话，都让他有一种前所未有的愉悦。最有趣的是，他在一家餐厅找到一份刷盘子的工作，干了4个小时后，老板把他叫来，跟他结账，并对他说："可怜的老头，你这把年纪刷盘子太慢了，你被解雇了。"

3个月后，"可怜的老头"结束了自己的体验生活，重新回到哈佛，原本令他讨厌烦恼的事务现在却有趣起来，原本枯燥无味的工作现在却变得新鲜。这3个月恶作剧般的经历，更使他全面地认识了自己。自己原本引以为豪，甚至可以呼风唤雨的哈佛大学校长的职位，自己原本认为的博学与多才，在新的环境中却变得一文不值。更重要的是，当回到一种原始状态以后，他不自觉地清理了心中积攒多年的"垃圾"。

哈佛大学校长的特殊经历说明了一个道理，我们只有时刻保持一种归零心态，定期给自己复位归零，清除心灵的污染，才能更好地享受工作与生活。归零心态如此重要，那么，我们该如何塑造呢？

1. 归零心态要求你随时追求进步

有一个年轻人，他出门的时间比在家的时间还要多，有时乘火车，有时坐轮船，但无论到什么地方，他总是随身携带着书，以便随时阅读。一般人浪费的零碎时间，他都用来自修阅读。结果，他对于历史、文学、科学以及其他各国的重要学问，都有相当见地，这使他最终成为一个著名的学者。

那个年轻人就是因为有良好的归零心态，善于利用零碎时间，而成就了自己一生的成功，但是，大多数人却在浪费自己宝贵的零碎时间，甚至在零碎时间里去做一些对身心有害的事情。

随时求进步是归零心态的一个重要体现,是一个人卓越超群的标志,更是一个人成功的征兆。从一个青年人怎样利用他的零碎时间上、怎样消磨他冬夜黄昏的时间上,就可以预言他的前途。

2.归零心态要求你忘却昨天的成功

归零心态就是要把自己"当人看",因为人无完人,任何人都有自己的缺陷和不足。也许你在某个行业十分成功,也许你已经具备了较高的技能,但是对于新的环境、新的政策、新的对手,你仍然没有任何特别的优势。你需要用归零心态去重新整理自己的智慧和能力,去吸收先进的、正确的、优秀的东西。如果你不去领悟,不去感受,不去学习,仍然高枕无忧地躺在过去的成功经验上,那么失败就在不远处等待你。

3.归零心态要求你及时给自己充电

王灵在学校学的是会计专业,毕业后去深圳一家五星级酒店做了3年前台财务主管,之后回到老家郑州,在一家同级别酒店做财务主管。一年后跳槽到某休闲娱乐集团任人力资源经理,现在任该集团主管市场运营的副总经理。如今,经常被猎头"打扰"的王灵说,自己三次较大的职场转变,都与不断充电有关:"可以说正是充电让我汲取了知识,最终促进了我的职业发展。"

现代社会千变万化,节奏加快,要求我们将心态归零,抱定"活到老,学到老"的信念。你也应该记住:最难战胜的劲敌,是那一刻也不放松学习的人。

4.归零心态要求你永不自满

一天,孔子带着学生去参观太庙,看到一个制作精巧的陶器,就问看庙的人它是什么。看庙的人回答说:"这叫欹器。如果装满水,它就会翻倒;如果空着,它同样也要倒下;只有把水装得正好,它才能立着。"孔子听了,深有感触地说:"世界上哪有满了不倒的呢?月盈则亏,水满则溢,这里有很深的学问呀!"

常言道:"满招损,谦受益。"自满是成功的大敌,在迈向成功的道路上,每当实现了一个近期目标,绝不应骄傲自大,而应该迎接新的挑战,挖掘新的潜力,洞察新的机会,攀登新的高峰,把原来的成功当成新的起点,从而到达崭新的人生境界。当然,我们也会在不断地进步中体验到自我实现的快乐和幸福。

5.归零心态要求你敢于向经验说"不"

人们总是跳不出经验的圈套,它甚至让一些最大胆的幻想都打上了个人经验的烙印，就像作家贾平凹所津津乐道的某一个农民的最高理想："我当了国王，全村的粪一个也不给别人拾，全是我的。"因为，在这个农民的经验里，能够垄断全村的粪就是最高的权力和最大的财富了。这似乎就是人们说的"乡村维纳斯效应"。德波诺在《实用思维》一书中饶有兴趣地描述了这种常见的社会现象："在闭塞的乡村，村里最漂亮的姑娘会被村民当作世界上最美的人（维纳斯），在看到更漂亮的姑娘之前，村里的人难以想象出还有比她更美的人。"在村里，它可能是真理；走出村外，它就是偏见。

时代日新月异，变化无处不在，我们应该具有"站在月球上看地球"的视角，不断地重新审视自我，走出经验的牢笼，创造与众不同的、丰富多彩的人生。

其实，在职场上真正经得起风雨的人，是那些有真才实学的人，是那些有归零心态的人。有些人在某个行业里做了很多年，就自认为是这个行业的行家里手，没有自己不懂的东西，别人在他们眼里都是外行，别人讲的东西也都听不进去。要知道"天外有天，人外有人"，在知识经济时代，科技飞速发展，知识更新加快，如果不虚心学习新的知识和方法，即使你原来的专业知识很扎实，也一样会被社会的进步所淘汰。所以我们要时刻保持一种归零心态，活到老，学到老！

早领悟　早成功

在周围的环境不断变化的时代，唯一的办法就是要下定决心，勇敢地倒掉存在于自己脑中的"脏水"，走出经验的误区，打破思维的惯性和惰性，克服骄傲自大，全面接受新的知识和技能。只有这样，我们才能与时代同行。

如何培养你的老板心态

老板是为自己而工作的人，是为企业创造业绩，同时也通过实现自我价值对自己的生命负责的人。如果你有为自己工作的心态，那么你就具备了做老板的潜质；如果你的心态是为别人打工，必须靠别人的监管控制才肯努力工作，那你注定一辈子是个漂泊的打工者。

老板心态不是当老板才有的心态，不是老板的专利。有些人听到别人叫他老板，他也以老板自居并扬扬得意，其实，他不一定具有老板心态。有些人并没有老板的头衔，甚至在从事着十分平凡或简单的工作，但他可能却是真正意义上的老板，因为他具备了当老板的基本要求和素质——老板心态。

所谓老板心态指的是一种使命感、责任心、事业心，指的是一种从大处着眼、小处着手的工作精神，指的是对效率、效果、质量、成本、品牌等方面持续的关注与尽心尽力的工作态度。

改变心态，改变命运。拥有一种老板心态，你才有可能成为一个真正的老板。而要想拥有一种老板心态，首先你应该做到以下几点。

1. 将自己视为企业的主人

什么叫作主人？始终认真负责地做好本职工作，而且尽最大努力为公司节约资源、创造财富，老板在和不在一个样，老板说和不说一个样，老板管和不管一个样。如果你这样想并这样做了，你就已经成了企业的主人，这就是做主人的心态。主人的心态还意味着：只要我在做，我就要全力以赴；只要我在做，我就要成为第一；只要我在做，我就要把自己的潜力发挥到极致；只要我在做，我就要成就精彩的自己。说到底，你其实在当自己的主人，你在为自己当老板做着充分的准备。

一个将自己视为企业的主人并尽职尽责完成工作的人，终将会拥有自己的事业。许多管理制度健全的公司，正在创造机会使员工成为公司的股东。因为人们发现，当员工成为企业所有者时，他们表现得更加忠诚，更具创造力，也会更加努力工作。有一条永远不变的真理：当你像老板一样思考时，你就成了一名老板。

2. 像老板一样为企业省钱

作为企业的员工，老板雇用了我们，一方面我们不能让老板的钱白花；另一方面，我们时时刻刻、随时随地都要为企业、为老板精打细算，花最少的钱办最多的事。如果你每天都在为老板多挣钱、少花钱，老板会亏待你吗？

作为世界著名的大公司，丰田公司的节约是出了名的。在丰田，公司内部的便笺要反复使用四次：第一次用铅笔写，第二次用水笔写，第三次在反面用铅笔写，第四次在反面用水笔写。早些年，丰田公司办公大楼的马桶水箱里都多了一块砖，因为这样可以使6升的水箱变成5升，每次都能够节约

1 升水。

其实，企业内每一位员工做任何一件事情，都应该衡量要付出多少代价，是不是有更节省、更好的方法，这种想法就是"成本意识"。成本是老板每天都在琢磨的问题，在任何事情上都具有成本意识就是老板意识。

以老板意识对待企业，为企业节省花费，企业也会按比例给你报酬。奖励可能不是今天、下星期甚至明年就会兑现，但它一定会来，只不过表现的方式不同而已。当你养成习惯，将企业的资产视为自己的资产一样爱护，你的老板和同事都会看在眼里。

3. 从老板的角度出发

从老板的角度出发，像老板一样思考，像老板一样行动，你就具备了老板的心态。你会去考虑企业的成长，考虑企业的收支，考虑工作的效率和质量，你会感觉到企业的事情就是自己的事情，你知道什么是自己应该做的，什么是自己不应该做的。反之，你就会得过且过，不负责任，认为自己永远是打工者，出力流汗拿工钱，企业的命运与自己无关。如果是这样，你自然不会得到老板的认同，不会得到重用，职业前途自然也黯淡无光。

4. 将自己视为企业的形象

员工的个人形象与企业形象密切相关，员工的一言一行直接影响到企业的外在形象，员工的综合素质就是企业形象的一种表现形式。所以，作为企业的一员，哪怕是再普通的一员，我们都要时刻注意自身表现对企业形象所带来的巨大影响。无论是在顾客面前，还是走在大街上；无论是在企业内部，还是在企业外部；无论是在本地，还是在外地；无论是在工作时间，还是在业余时间，我们的穿着打扮、言谈举止，都和我们的企业有着十分紧密的联系。我们要认真负责地当好"企业形象代言人"的角色，这也是职业素质之一。

阿基勃特是美国标准石油公司的一名小职员。他出差住宿时，总是在自己签名的下方写上"每桶4美元的标准石油"字样，而且在书信、收据以及其他所有地方都是如此。天长日久，同事给他起了个外号就叫"每桶4美元"，而他的真名人们反倒忘记了。公司董事长洛克菲勒听说这件事后说："竟有职员如此努力地宣扬公司的声誉，我要见见他。"于是邀请阿基勃特共进晚餐。光阴荏苒，阿基勃特凭着自己的坚韧、责任心和能力，一步步地走上了公司高层领导职位。洛克菲勒卸任之后，阿基勃特成了标准石油公司的第二任董事长。

写上"每桶4美元的标准石油",这是一件多么简单而又容易做到的事,可是只有阿基勃特一人去做了,而且义无反顾,以此为乐。在鄙视和嘲笑他的人中,肯定也有不少是才华出众、能力非凡的人,可是最后只有他成了公司的董事长。

早领悟 早成功

有人曾说过,一个人应该永远同时从事两件工作:一件是目前所从事的工作;另一件则是真正想做的工作。如果你能将该做的工作做得和想做的工作一样认真,那么你一定会成功,因为你在为未来做准备,你正在学习一些足以超越目前职位,甚至成为老板或老板的老板的技巧。当时机成熟,你已准备就绪了。

如何塑造你的感恩心态

奥修说:"如果有人感谢你,你也要感谢那个人,因为他接受了你的爱,他接受了你的礼物,他帮助你卸下你的重担,他允许你将爱的礼物洒落在他身上。"拥有一颗感恩的心灵,你的给予也有可能演化为一种获得,而这是生活赋予你最重要的真谛。

狮子佩比在丛林中迷了路,正当它徘徊于迷途的时候,一根长刺扎进了它的爪子。不久,爪子化脓,佩比瘸了,十分痛苦。它一瘸一拐地游荡了很久之后,遇到了一个牧人。它摆动着尾巴,走上前去,把那只爪子伸了出来。牧人被吓坏了,急忙牵来他的羊想哄住佩比。可是佩比并不需要食物,而是想要治疗它的伤痛。因此,它把爪子放到牧人的膝头。牧人见到那个化脓的伤口,便从口袋里掏出一把锋利的刀,切开脓肿,取出了长刺。佩比解除了疼痛,感激地舔舔牧人的手,然后跟他待了一段时间,直到感觉爪子完全好了,才起身走了。

过了些时候,佩比被捉住并被送往竞技场,在那里犯人将被扔到它的面前，随它处置。正巧那时，那个牧人被人陷害，判处了死刑。佩比刚被放进竞技场，牧人也被送了进来。佩比狂怒地扑向它的猎物。然而，当它认出牧人的时候，就跑到他的面前，舔起他的手来。然后，它抬起头，向着观众大吼了一声，接着平静地坐在它的朋友身边。

这时，牧人才认出这就是以前他帮助过的那只狮子。突然，竞技场里又放进了两只狮子。可是牧人的狮子朋友佩比拒绝离开他，并且轰走了另外两只狮子。牧人被要求当众讲了这件怪事的原因，前来观看的人们要求赦免牧人，并且恢复佩比的自由。就这样，佩比返回了丛林，牧人也返回了家园。

拥有一颗感恩的心灵，你的给予也有可能演化为你一生中最大的收获，你就会相信某天你的缺点会变成你的优点，你的平凡将是你最大的美丽，你无数次的失败也不再那么重要，过程才是最重要的。感恩的心态如此重要，你只需按照以下的几点去做，就可以拥有。

1. 拥有一颗感恩的心，首先要感激你的父母

在一生中，我们可以有很多的机会进行选择，但唯一不能选择的就是我们的父母。父母把无私而伟大的爱奉献给了我们，才让我们拥有了宝贵的今天。父母也许不能给予我们金钱、地位、名誉，乃至出众的外貌，但他们却给了我们世界上最重要的东西——生命。不要总抱怨父母给予我们的太少，而要学会对父母感恩。父母赐予我们生命，辛辛苦苦把我们养大，照顾我们的生活，教导我们如何做人。等到父母两鬓斑白时，依然会清晰地记得我们绽放的第一个微笑、说出的第一个字、迈出的第一步，记得我们人生路上的点点滴滴。面对父母无私而伟大的爱，再华美的语言都是苍白无力的。作为儿女的我们，又有什么理由不对父母感恩呢？

2. 拥有一颗感恩的心，要学会感激你的家庭

对于每个人来说，家庭是心灵栖息的港湾。但是，家庭这个心灵港湾需要精心营造，如果不用心管理和经营，它就会时不时掀起风浪，甚至是狂风暴雨，吞没本已疲惫的小舟。夫妻之间翻脸无情，父母与子女形同路人，兄弟姐妹反目成仇……这些瞬间卷起的风浪，常常给家庭中的每个成员造成巨大的创伤，这种创伤远比工作的不顺、上司的训斥、同事的摩擦要严重得多。生活中给你伤害最大的莫过于最信赖的人的致命一击。家庭一旦刮风下雨，不会像风雨之后的天空那样很快晴空万里，多多少少都会带来一点后遗症，

在你的心里留下些许的阴影。

家庭是港湾，伴侣是船，孩子是帆。乘风破浪、扬帆远航的你，一定要怀抱感恩之心，精心呵护、经营这个最珍贵的港湾。

3. 拥有一颗感恩的心，要学会感激你遇到的每一个人

身处纷繁复杂的社会环境之中，我们难免会与别人产生矛盾、摩擦。如果稍不注意，仇恨就有可能悄悄生长，堵塞我们的成功之路。最终我们会因孤独而陷入忧郁和痛苦之中。

因此，我们每一个人都要学会感恩，感激你遇到的每一个人。

感激养育你的人，因为他们给予了你生命；感激教育你的人，因为他们丰富了你的心灵；感激关爱你的人，因为他们教会了你付出；感激启迪你的人，因为他们提升了你的智慧；感激伤害你的人，因为他们磨炼了你的意志；感激欺骗你的人，因为他们唤醒了你的良知；感激折磨你的人，因为他们锻炼了你的毅力；感激放弃你的人，因为他们磨砺了你的独立；感激打击你的人，因为他们强化了你的能力；感激批评你的人，因为他们拓宽了你的心胸。

感激每一线阳光、每一阵清风、每一场春雨、每一片冬雪……是它们带给我们好心情，是它们让我们体会到自然与生命的美好。

4. 拥有一颗感恩的心，要学会拒绝抱怨

从前，有个寺院的住持，给寺院里立下了一个特别的规矩：每到年底，寺里的和尚都要面对住持说两个字。第一年年底，住持问新来的和尚慧能心里最想说什么，慧能说："床硬。"第二年年底，住持又问慧能心里最想说什么，慧能说："食劣。"第三年年底，慧能没等住持提问，就说："告辞。"住持望着慧能的背影自言自语地说："心中有魔，难成正果，可惜！可惜！"

住持说的"魔"，就是慧能心里无尽的抱怨，他只考虑自己要什么，却从来没有想过对别人的给予要施于一颗感恩的心。像慧能这样的人在现实生活中很多，他们这也看不惯，那也不如意，怨气冲天，牢骚满腹，总觉得别人欠他的，社会欠他的，从来感觉不到别人和社会对他的生活所做的一切。这种人心里只会产生抱怨，不会产生感恩。

对生活怀有一颗感恩之心的人，即使遇上再大的困难，也能快乐地面对。相反，时时充满抱怨的人，就感受不到生活的美好。

5. 拥有一颗感恩的心，要学会不吝啬你的掌声

在一个著名的颁奖典礼上，获得最佳女演员的朱莉娅·罗伯茨款款走向领奖台，坐在观众席上的大家心里想：这位早已经历过奥斯卡颁奖典礼等无数大场面的世界级影星该会有一番非常得体的说辞吧。可是，完全出乎大家的预料，在众多目光和镜头之下，"大嘴美人"几乎没有说出一个完整的句子。这个时候大家才感受到了什么叫"语无伦次"，因为大嘴美人只是在痛苦地挣扎着发出一些声音而已。没有逻辑，没有语法，没有修辞，也没有仪态。她其实早已经成百上千次地面对镜头，面对人群，可是，她依然紧张得一塌糊涂。伴随着杂乱无章的手势和支离破碎的语音，意味复杂的泪水涌上了朱莉娅·罗伯茨的眼睛。

此时，温暖的、善解人意的、给人无限宽慰和鼓励的掌声依然响起，甚至更为热烈，更为持久。

这是一片善意的、人性化的掌声，它仿佛在告诉那个处于被关注中心、正在经受着煎熬的人：亲爱的，我们理解你，在你的境地，我们不会表现得比你更好；我们感谢你，感谢你的勇敢，感谢你曾经带给我们的所有快乐。

拥有一颗感恩的心，我们的世界就会处处充满阳光。阳光所在的地方，有花开的绚丽，河流的欢腾，雷雨的奔放，鱼儿的愉悦，风飞的丝语，还有冬雪的缠绵，自然万物均匀的呼吸，聆听这一切，我们就能体悟到生活是多么的美好，它赋予了我们多么奇妙的快乐和幸福。

早领悟　早成功

拥有一颗感恩的心，我们不仅要感谢生活，更要回报生活。助人为乐是生活最基本的原则，它同时也是一笔能双赢的生意，凡是做这笔生意的人都会得到最珍贵的财富——快乐。助人为乐的人从别人那里赢得了快乐，同时也给别人带去了快乐。从此，快乐便在每个人的心里生了根，发了芽，酿成了爱的果实，生活便充满了爱，充满了勃勃的生机。

如何培养你的抗挫折心态

《圣经》上说："天堂在你的心中，当然地狱也在。"所以，到底是生活在天堂还是地狱，完全取决于你自己。有的人在面对人生的挫折时，就消极悲观，灰心丧气，甚至跌落痛苦的深渊。其实，在人生的道路上，失败不可避免，只有放飞心灵，坚持不懈，抱着积极的人生信念，才能战胜挫折，拥有明天。

面对挫折，每个人的态度迥然不同，有人积极，有人消沉，有人陷入苦恼不堪的恶性循环中不能自拔，有人却能迅速从不良状态中跳出来更加奋发进取。可以说，挫折是人生的一块试金石。法国前总统戴高乐说："挫折，特别吸引坚强的人。因为他只有在拥抱挫折时，才会真正认识自己。"

一旦挫折产生，就要敢于正视，而不能怨天尤人；就要冷静地找出产生挫折的原因，并进行客观的分析；就要积极地寻求恰当的方式方法战胜自我。

具体来讲，如果要战胜困难，培养你的抗挫折心态，应该做到下面的几个方面。

1. 靠自己拯救自己

更多的时候，人们不是败给外因，而是败给自己。

有两个人同时到医院去看病，并且分别拍了 X 光片，其中一个原本就生了大病，得了癌症，另一个只是做例行的健康检查。但是由于医生取错了底片，结果给了他们相反的诊断，那一位身体不佳的人，听到身体已恢复，满心欢喜，经过一段时间的调养，居然真的完全康复了。而另一位本来没病的人，看到医生的诊断，内心起了很大的波动，整天焦虑不安，失去了生活的勇气，意志消沉，抵抗力也跟着减弱，结果还真的生了重病。

乌斯蒂诺夫曾经说过："自认命中注定逃不出心灵监狱的人，会把布置牢房当成唯一的工作。"以为自己得了癌症，于是便陷入不治之症的恐慌中，脑子里考虑的更多的是"后事"，哪里还有心思寻开心，结果被自己打败。而真的癌症患者却用乐观的力量战胜了疾病，战胜了自己。

俗话说"哀莫大于心死"，绝望和悲观是死亡的代名词，只有超越自我，永不言败者才是人生最大的赢家。

2．增加对成功的体验

一个人如果经常遭到挫折，那么他的自信心就会减弱。所以，要多发现自己的长处，多运用自己的优势，做一些自己力所能及的事情，从中取得成功的经验，然后增强自己的自信心，战胜挫折。要变通进取，从挫折中不断总结经验，产生创造性的变迁。补偿是一种有用的变通进取的方式，此处受到挫折，到彼处得到补偿，就像俗语说的，东方不亮西方亮，旱路不通水路通。碰上挫折，胸怀宽广些，给自己留的余地大一些，这叫"游刃有余"。

3．把挫折当作难得的人生考验

在真正坚强的人眼里，挫折不是一种打击，而是一次考验，一次磨砺的机会。因为他们清楚在挫折的后面，正是自己苦苦追求的目标。这种人在挫折降临之后，首先会用他冷静、理智的头脑，认真分析挫折产生的原因及眼前的处境。例如，原来确定的目标是否恰当、客观条件是否成熟、操作方法是否正确、自己努力的程度是否足够。在分析过程中发现合理的因素，在挫折中看到希望，然后满怀信心地、自觉地促进挫折向好的方面转化，最终战胜挫折，走向成功。

眼睛向着理想，脚步踏着现实，努力朝着目标前进。当遇到困难时，你应该暗暗对自己说：这正是考验我的时候，正是体现我生命本色的时候。对于那些无法实现的目标，可以用新的目标来代替。只要你不服输，失败就不是定局。

4．树立正确的人生观

法国微生物学家巴斯德在青年时代就已经正确地认识到了立志、工作、成功三者之间的关系，他说："立志是一件很重要的事情。工作随着志向走，成功随着工作来，这是一定的规律。立志、工作、成功是人类活动的三大要素。立志是事业的大门，工作是登堂入室的旅程，这旅程的尽头有个成功在等待着，来庆祝你的努力结果。立志的关键，是要树立正确的人生观。"

拥有正确的人生观、世界观，拥有远大理想，并且能用正确的、积极的眼光去看社会、看生活的人，往往更能够承受挫折带来的影响。

5．培养自信心与意志力

一个人若对自己丧失了信心，他就会失去前进的勇气。在挫折面前，要做最好的准备，做最坏的打算，对前景要抱有积极乐观的态度。只要不失去信心，不丧失意志力，就没有失败，就有逆转的机会，就会看到希望之光。因此要经常给自己打气，鼓励自己。平时应该多参加一些竞赛的活动，大胆地表现自己，抱着积极参与的精神，不斤斤计较眼前的得失。

6. 学会适当的发泄

把痛苦和忧伤埋在心里，会给人带来一种沉重和压抑的感觉。如果能将这种感觉向亲朋好友痛快淋漓地倾诉出来，得到他们的关心和慰藉，或者通过剧烈运动，把某些无用的东西当作泄愤的对象，那么过后心情会舒畅许多。但必须注意不能采用不正当的宣泄方式，否则会造成不良的后果，适得其反。

早领悟 早成功

孟子曰："故天将降大任于斯人也，必先苦其心志，劳其筋骨，饿其体肤，空乏其身，行拂乱其所为……"在通往成功的路上，人们随时会碰到事业或者生活上的挫折。只有勇敢地面对这些挫折，永葆青春的朝气和活力，用理智去战胜它们，我们才能真正成为自己命运的主宰，成为掌握自己命运的强者。

第二章

做一条畅游职场的"鱼"

找到好工作的 6 种方法

在找工作的过程中，如果你用成功率较低的方法，结果失败了，那你可能会对自己说，根本没有空缺的职位。然而事实是：好工作总是有的，你只是在找它们的时候用错了方法。其实，找到好工作是一门高深的学问，人们可以研究它，而后掌握它，你也能行。

寻找好工作如同寻找伴侣一样，是一件既难得又不易求的事情。随着现代社会的不断发展，人们的择业观念正在发生变化，个人的发展和前途已成为许多择业者关注的焦点。选择工作时，薪水不再是许多人首要考虑的因素，取而代之的是个人发展和企业前景。

不管是男人还是女人，在判断一份新工作是否可以接受时，有以下几种比较典型的观点：一种观点认为，选工作主要是选一个适合自己的环境，这种环境包括单位的好坏、行业的冷热等；另一种观点认为，找工作就是找一个发展自己的机会，这类人一般并不看重眼下的收入多少，而是更注重长远的发展；第三种观点很务实，认为选工作就是选一种赚钱的方法，从这个角度出发，似乎工作本身并不重要，重要的是它能否在一定时间内充分地体现其经济效益。

很难说这三种观点孰对孰错，因为对工作的认识与人的世界观和价值观有很大的关系。专家指出，工作具有三个功能：给人们提供一个发挥和提高自身才能的机会；通过和别人一起共事来克服自我中心的意识；提供生存所需的产品和服务。

所以，工作其实只是人们的一种途径，通过它，人们寻找到那种在自己看来最富有意义的生活方式。

为什么常常有人会选错行呢？专家分析认为，原因主要有两个：一是对自己不了解，二是对职业不了解。只有既充分认识自我，又了解职业，知己知彼，才能正确择业。

在最短时间内找到好工作是许多人企求的目标，为了做到这一点，以下建议值得借鉴。

1. 不能只看自己的好恶，更要重视社会的需要

若想在社会上为自己找个好工作，就必须拥有一技之长。不过，当我们去学习技艺时，不能只从自己的好恶出发，更应该重视社会的需要。学习是为了应用，所以必须要有明确的目的，要适应社会需要。对那些脱离实际需要的"学问"，学得再精通也毫无用处。

2. 充分利用多渠道信息

看报纸寄简历的时代已经过去了，现在找工作要求的是速度快、定位准、门路广。有些公司的职位空缺，并不一定会对外发布消息，不少是通过相关人士的穿针引线。所以，在生活和工作中建立庞大的人际关系网络，就显得相当重要——也许你认识的某个人就是你跳槽时的贵人。另外，充分利用计算机网络也是个不错的选择。现在，通常有点规模的公司都有自己的网站，在那里你不仅可以了解公司的动态，还可以时常查询到招聘资讯。如果你能在进入这个公司或行业之前，就得知有关的企业文化、薪资福利、公司结构等资讯，将有助于你做出是否去应聘的正确决定。

3. 精心制作你的简历

简历是公司对你的第一印象，也是为你赢得面试机会的关键，因此千万不可小看。成功的简历除了简洁之外，最重要的是要"令人垂涎"。

怎样的简历是"令人垂涎"的呢？首先，条理分明，一目了然而且必须是用电脑打字编排，方便阅读。原则上简历以不超过一页为佳。如果一页不足以尽述，那么至少第一页必须是简短的摘要，累赘而冗长的简历可能意味着你不够体贴，没有顾及阅读者的时间压力。

简历中最忌不实的言论，过度吹嘘的内容让人觉得反感。通常如此吹捧自己的人，不是能力不足，就是企图掩饰什么。

4. 采取良好的自我推销方式

为了在激烈的竞争中脱颖而出，在求职的时候，不妨采取一种显示创造力、超人一等的自我推销方式。他人信口开河，你则不妨保持沉默；他人总是扬长避短，你可试着公开自己的某些弱点，以博得人们的理解与谅解；他人自命清高，孤陋寡闻，你应该尽力地建立一个可以信赖的关系网；他人虚伪做作，你要光明磊落，待人坦诚；他人只求可以，你则应全力以赴，创第一流业绩；他人对上司阿谀奉承，你却以诚信取胜。倘若你愿意试试以上方法来表现自己，就一定可以收到异乎寻常的效果。

不过要切记：推销自己的时候，要突出自己的特色，抓住自己最能打动别人的优点。

5. 考虑长远的职业前景

对现在的你来说，10年后也许是个遥远的未来。但是，何不试着预测一下10年后的你会是什么样子的呢？10年后你会从事什么样的工作？是否幸福、满足呢？一旦考虑到这些长期性的问题，就必须列出一串对你而言具有魅力的职业清单；接着，还要把几项主要因素考虑进去；然后了解这些职业的生活形态，有什么样的特征，例如会不会像海洋生物学者和考古学者一般就业机会很少？有无地理上的限制？地质学者为了要找寻新的矿床，必须长期离开家庭，那样的条件和你理想中的家庭生活协调吗？

6. 时刻警惕求职中的误区

求职人员较常见的择业误区是期待伯乐，即有的求职者自比"千里马"，抱着"皇帝女儿不愁嫁"的心理，不主动出击，而是坐等"伯乐"的出现。然而在激烈的市场竞争中，坐等"伯乐"的同时，诸多机会也在擦肩而过。求职者应主动参与市场竞争，学会在市场中寻找"伯乐"，并大胆地推销自己，而不是坐等"伯乐"。

走极端也是大多求职者的求职误区。一般而言，求职者在求职过程中，开始阶段经常表现出自负心理，在经过失败和挫折后，渐渐地则转入另一个极端。初进就业市场的求职者容易过高地估计自己，常常抱着"非某某样的单位不去"的想法，而一旦遭到拒绝，容易产生失落感，一下就落入了自卑的深渊。自负与自卑心理都是求职路上的绊脚石。求职者求职时要正确地评价自己，认识自己，合理确定求职目标，遇到挫折与失改时，要很好地分析原因，树立信心，抓住机会，决不可在挫折面前败下阵来。

求职者还有一种倾向就是只顾眼前，在就业市场中有时会出现这样的情况，知名企业提供的待遇和职位比小公司低，于是有的求职者会选择待遇好的小公司。对此，专家们的建议是，选择一份职业，要看其若干年后的发展，决不能只顾眼前的高薪而置今后的发展于不顾。职业生涯的收获期不在眼前而在将来，因此要特别注重职位的未来发展潜力。

面对种种误区，求职者一定要保持头脑清醒，找到真正适合自己的好工作。

早领悟 早成功

找工作一定要目标明确心态好。为一份自己喜欢的工作，舍得放弃已有的，甚至可以不计酬劳，而且在碰壁的时候也不气馁。找工作要多管齐下，不要单纯依靠一种求职方式，而是要运用各种手段。特别要注意的是，要懂得宣传自己和推销自己，这一点非常重要。

成为高效能人士的6种策略

常言道：如果你不去控制事情，你将被事情所控制。换句话说：你不去控制事情，事情将控制住你！在一堆琐碎的事情面前，若没有一个周详的事情计划，人们将会非常被动，甚至束手无策。这就是许多人无法高效工作的原因。

众所周知，现代人的生活节奏是非常快的。有人感觉像一只陀螺一样整天在不停地转，一个字："忙！"

其实除了一些客观原因，比如工作量多、上司工作安排不合理、工作能力不足而导致的忙碌外，个人时间管理意识和技巧的薄弱，才是导致了工作效率的低下的最重要的原因。

那么如何才能进行高效地工作呢？下面的6种策略或许能让你受到启发。

策略1：时刻保持敏锐

保持敏锐是大脑高效运作的关键所在。很多人之所以拖拖拉拉、效率低下，就是因为他们的大脑始终无法保持足够的敏锐度，对自己的工作总是不能产生足够的重视。这种人应该通过怎样的方式克服拖拉的习惯，让自己保持敏锐呢？一个简单而实用的方法就是倒计时。

每次看到短跑运动员在田径场上飞奔的时候，人们忍不住会问自己一个问题：这些运动员在平时也会以这种速度跑步吗？这是一个看起来非常愚蠢的问题，但由此却可以引申出一个更有深意的问题：为什么这些运动员平时的速度跟比赛时的速度会有如此大的差异呢？一个简单而合理的解释就是：他们在平时不会时刻保持敏锐。确实如此，对于比赛中的运动员来说，不停跳动的秒针，身边闪过的选手，以及前方不远处的终点线……都会给他们带来巨大的压力，使其无形之中产生一种强烈的紧迫感，从而使他们的精神也会因此保持高度紧张，效率自然也会大大增加。

策略2：有效地管理你的时间

想要有效地利用时间，首先要有效地管理时间；而要有效地管理时间，就是要处于主人翁的地位。管理时间就像人管理自己的肢体一样，能了如指掌、控制自如，而且对时间的分配，要有绝对的主动权。

通常情况下，有三种人是不会受人欢迎的：一是过度重视计划表的人；二是工作过度的人；还有，就是被时间捉弄的人。

过于重视计划表的人，往往忙于制订计划表。有时候为完成一项工作，做计划的时间，甚至比工作的时间还要长。

工作过度的人，每天都看到他们忙碌的身影，却不知道他们到底在忙什么，完成了什么。这类人工作往往没有方向，只是一个劲儿地蛮干，没有片刻的休息。

被时间捉弄的人是最可悲的，他们往往十分守时，为了争取时间，凡事都急急忙忙，也不允许别人有片刻的休息。他们会可能为了节省时间而改吃速食，也可能因为浪费了一分钟时间而大发雷霆，这类的人常常是不容易相处的人。

在此介绍这三种人，是为了让大家明白，所谓的管理时间，成为时间的主人，是要有效地善用时间，而不是一味地求快；也不是要制订详细的时间计划表，整天忙碌却不明所以。要想有效地管理时间，必须先放松自己，不让自己被时间所约束，这样才能使自己在运用时间的过程中，夺得主动权，成为时间的主人。

策略3：树立"80/20法则"

80/20法则是指：在日常工作当中，能够真正带来产出结果的工作实际上只占一个人工作总量的20%，其他80%的工作实际上都是在进行铺垫，根本产生不了实质性的结果。许多事情的发生，往往都集中在少部分的事件中。

因此，在进行一项工作时，不必注重那些不重要的问题，只要将主要问题解决掉就可以了。

曾有这样一位代表，他因为不满自己在群众心目中的地位，便决定到各地演讲。刚开始时，只要群众有邀请，他就欣然前往。后来发现，自己根本不可能有那么多时间来应付这些演讲，于是开始有选择性地接受邀请。一段时间后，他发觉，虽然减少了演讲的次数，可并没有造成什么不良的影响。

正因为他有选择性地只出席那些较重要的演讲，也就是只用百分之二十的演讲次数，便已完成了百分之八十的目标，所以，并没有使自己在群众心目中的地位下降。相反，因为减少了演讲的次数，时间方面充足得多，反而可以抽时间参加一些重要的聚会，提高自己在群众中的信任度，融洽了人际关系。

策略4：团结合作，铸造双赢

柯维在《高效能人士的七个习惯》一书中指出："双赢"的想法也是一种人生哲学，一种表示我可以获胜，你也可以成功的精神力量。双赢并非光是我高兴，也不是只有你高兴，而是我们两个都开心。

为自己着想不忘他人的权益，谋求两全其美之策，这种双赢关系自然令人满意，使他人乐于合作。

中国有句俗话说："孤掌难鸣。"本意是指靠匹夫之勇，很难成就大事。诚然，办企业，搞经营，需要自力更生，这也是为业之道。但是个体力量与群体力量相比总是很小的、有限的。如果在自力更生的基础上，有选择地借助外界的力量，形成合力，为我所用，那么竞争实力就会倍增，抵抗经营风险的能力就倍增。

策略 5：用计划克服你的惰性

也许大家都有这样的经历：事情本来应该去做的，但总是迟迟没有行动。这就是人的惰性。

他们往往觉得要做的事情太多，但又没有时间将全部的工作都做好，因而老是觉得自己一事无成。因为要做的事情太多，感到无从下手，因而形成一种惰性，最后随波逐流。这样的人生是非常危险的。

如果希望时间被很好地利用，就得有一个计划。也就是说，计划是改变人的惰性的一种方法。无论做任何事，人们都会有个计划，因为事情的完成有一个程序，而程序的准备过程，就是计划。

大多数的人都往往要到非做不可的地步时，才开始对事情进行计划。有的甚至要到被压得喘不过气来，或是觉得该去休假时，才想到要计划。这样的人很容易陷入危机之中。因为，有些事情确实需要透过精密的计划才得以完成。

策略 6：一次只做一件事

著名的思维研究专家、全球著名畅销书作家德·波诺曾经在《六顶思考帽》一书中谈到过一个有趣的实验：他让实验者在大街上观察一分钟内过往某一个路口的车辆，并要求他记录下这一分钟内过往车辆当中黄色汽车的数量，等到实验者观察完毕并把答案递交上来之后，他又让实验者回忆一下刚才经过路口的黑色汽车的数量，结果没有一位实验者能够回答上来。

这个实验说明，在大多数情况下，一个人的注意力只能集中在一件事情上面，如果有人一定要同时思考或者是关注几件事情的话，他最终很可能得不到任何真正准确的结果。心理学家们发现，如果一个人能够在工作过程当中保持精力高度集中，他的心理能量就能够更加集中地投入到正在进行的思维活动当中，从而使思维在特定的问题上处于最佳激活状态，最终使人脑能够高效地进行信息加工和问题解决。

早领悟　早成功

在当今的职场上，高效能已经成为职业人士的追求目标，因为他们想追求成功，要实现梦想。成为高效能人士的方法有很多，但有一句话说："世界是不断变化的，但有些原则是不变的。"文中提到的 6 种策略都是最基本的，很多方法都是在此基础之上衍生出来的，只要认真按照这 6 种策略去做，就一定会让你成为高效能人士，让你实现梦想。

有效晋升的完美攻略

在日新月异的当今社会，随着科技的飞速发展，竞争日趋激烈。一个人要想在职场上立稳脚跟，并且步步高升，并非易事。那么，在当今职场上，什么样的员工，才能被上司委以重任？什么样的员工才能从众多员工中脱颖而出，得到最快的晋升？本文将给你一个明确的答案。

对于公司员工来说，晋升几乎是每个人永远追求的梦想。但是，晋升好运并非落在每一个人身上，而只青睐那些成绩出色、工作努力的员工，谁能成为同行的佼佼者，谁就能成为公司老板所青睐的对象。

其实，晋升如同其他事情一样，也需掌握一定的方法，如果使用的方法得当，那么，你将很快地达到你的晋升目标。下面的几种晋升策略也许会给你一些启发。

攻略 1：毛遂自荐，学会推销自己

当今职场，每个人都要具有自我推销意识，尽力把自己的能力展现给上司和同事，让他们认同你。如果你有惊世之才，却不懂得去推销自己，犹如埋在地底下的一块宝石，无法让人欣赏你的光芒，等于是自我埋没。

当上司提出一项计划，需要员工配合执行时，你可以毛遂自荐，充分表现你的工作能力。

李坚在某研究所就职。一天，办公室主任请他看一份报告，并准备在此之后呈送所长。李坚看后认为："这个报告不行，如果依照它办理，将会导致失败。"他向所长大胆地谈出了这一看法。所长说："既然他的不行，那么就请你拿出一份更好的方案来吧！"

第二天，李坚拿出一份报告呈递所长，得到所长的大力赞赏。

一个月后，李坚就被提升为办公室主任，原主任也因此而被解雇。

在这个例子中，如果李坚不善于抓住向所长表现自己才能的机会，就很难得到所长的重用。

攻略 2：主动去做上级没有交代的事

在现代职场里，有两种人永远无法取得成功：一种人是只做上级交代的事情，另一种人是做不好上级交代的事情。这两种人都是首先被上级炒"鱿鱼"的人，或者是在一个工作岗位上耗费终生却毫无成就的人。

在现代职场，过去那种听命行事的工作作风已不再受到重视，主动进取、自动自发工作的员工将备受青睐。在工作中，只要认定那是要做的事，就立刻采取行动，马上去做，而不必等到上级的交代。

攻略 3：敬业让你出类拔萃

无论从事什么职业，只有全心全意、尽职尽责地工作，才能在自己的领域里出类拔萃，这也是敬业精神的直接表现。

王凯大学毕业后被分配到一个研究所，这个研究所的大部分人都具备硕士和博士学位，王凯感到压力很大。

经过一段时间的工作，王凯发现所里大部分人不敬业，对本职工作不认真，他们不是玩乐，就是搞自己的"第三产业"，把在所里上班当成混日子。

王凯反其道而行之，他一头扎进工作中，从早到晚埋头苦干，还经常加班加点。王凯的业务水平提高很快，不久成了所里的"顶梁柱"，并逐渐受到所长的重用，时间一长，更让所长感到离开他就好像失去左膀右臂。不久，王凯便被提升为副所长，老所长年事已高，所长的位置也在等着王凯。

敬业不但能使企业不断发展，而且还能使员工个人事业取得成功。

攻略 4：关键时刻，为上级挺身而出

琼斯是某学院的部门助理，他的上司博格负责管理学生和教职员工。极其糟糕的签到系统使学生们常常因未上课而被记名，许多班级拥挤不堪，而另一些班级却又太小，面临被注销的危险。博格的工作遭到众多师生的非议，承受着改进学生签到系统的压力。琼斯自告奋勇组织攻关，负责开发一个新的签到体系。博格高兴地同意了他的意见。经过艰苦工作，这个攻关小组开发出一个准确高效的签到管理系统。不久后的一次组织机构改组中，博格升任主任，随即，琼斯被提升为副主任。

对于琼斯开发并成功地完成的这套系统，博格给予了高度赞扬。

一般来说，时刻和老板保持一致，并帮助老板取得成功的人往往最终会成为企业的中坚力量，并且会成为令人羡慕的成功人士。

当某项工作陷入困境之时，如果你能挺身而出，大显身手，定会让老板格外赏识；当老板生活上出现矛盾时，你若能妙语劝慰，也会令老板十分感激。此时，你不要变成一块木头，呆头呆脑、畏首畏尾、胆怯懦弱。若那样的话，老板便会认为你是一个无知无识、无智无能的平庸之辈。

攻略 5：不要抱怨分外的工作

在职场上，很多人认为只要把自己的本职工作做好，把分内的事做好，就可以万事大吉了。当接到上司安排的额外工作时，不是满脸的不情愿，就是愁眉不展，唠唠叨叨地抱怨不停。

抱怨分外的工作，不是有气度和有职业精神的表现。一个勇于负重、任劳任怨、被老板器重的员工，不仅体现在认真做好本职工作上，也体现为愿意接受额外的工作，能够主动为上司分忧解难。因为额外工作对公司来说往往是紧急而重要的，尽心尽力地完成它是敬业精神的良好体现。

如果你想成功，除了努力做好本职工作以外，你还要经常去做一些分外的事。因为只有这样，你才能时刻保持斗志，才能在工作中不断地锻炼、充实自己，才能引起别人的注意。

攻略 6：积极进取，赢得晋升

进取心即代表着开拓精神，开拓精神则说明对现实有忧患意识，对未来有探险精神。这样的人才，老板将委以重任。

安于现状的人在老板的心中就是没有上进心的人，这种人也许循规蹈矩，不出差错，但公司不会需要太多这样的人，公司如果是以发展为目标，那么就更需要不安于现状、放眼未来的员工。

绝大多数老板都希望员工具有积极进取的冒险精神，明知山有虎，偏向虎山行。其实，也只有这样的人才可以令老板的企业有更大的飞跃，那些安于现状的员工只能做"垫底"，这种人令老板放心，但绝不会令老板欣赏。

攻略 7：让老板知道你做了什么

你是不是每天全力以赴地工作，数年来如一日？不过，有一天你突然发现，纵使自己累得半死，别人好像都没发现，尤其是老板，似乎从来没有当面夸奖和表扬过你。

你知道吗？这个问题可能不在老板，而是出在你自己身上。大多数的员工都有一种想法：只要我工作卖力，就一定能够得到应有的奖赏。但问题是：光会做没有用，做得再多也没有人知道。要想办法让别人，特别是你的老板知道你做了什么。

攻略8：做一名忠诚的员工

王双长相平平、学历不高，在一家进出口贸易公司做电脑打字员。那年，公司现金周转困难，员工工资出现拖欠，人们纷纷跳槽。在这危急的时刻，王双没有走，而是劝说消沉的老板振作起来。在王双的努力下，公司谈成了一笔很大的服装业务，王双为公司拿到1000万美元的订单，公司终于有了起色。后来，公司改成股份制，老板当了董事长，王双则成了新公司第一任总经理。有人问王双如何取得了这样的成就，王双说："要说我个人如何取得了这样的成就只有两点：那就是一要用心；二没私心。"

不知王双的话对你是否有启发。现在很多人一面在为公司工作，一面在打着个人的小算盘，这样的人怎么能为公司的发展做出贡献呢？公司没有发展，个人又怎能成功呢？

任何一个老板都喜欢忠诚的员工，只有忠诚的员工才能获得老板的信任。如果员工不忠诚，老板就会有如坐针毡的感觉，一些重大的事情就不敢交给这样的员工去做，员工又怎能获得加薪与晋升的机会呢？

早领悟　早成功

任何企业都会要求员工尽最大努力地投入工作，创造效益。其实，这不仅是一种行为准则，更是每个员工应具备的职业道德。可以说，拥有了职责和理想，你的生命就会充满色彩和光芒。既勤奋又有能力的员工，这种人不管到哪里都是老板喜欢的人，都能找到自己的位置；而那些三心二意，只想着个人得失的员工，就算他能力无人能及，老板也不会委以重任的。

竞争制胜的 5 大绝招

在竞争愈来愈激烈的现代职场，面对同样的竞争状态，有的人遭到了失败，有的人却能在竞争中脱颖而出。既然竞争是不可避免的，那就要求我们积极地面对竞争，以良好的心态去竞争。只有这样，才能最终战胜对手，稳坐成功的宝座。

在竞争愈演愈烈的现代社会中，同事之间，也不可避免地会出现或明或暗的竞争，表面上可能相处得很好，实际情况却并非如此。

你有时也许会有这样的困惑：上司对你印象不错，你自己的能力也不差，工作也很努力，但却总是迟迟到达不了成功的峰顶，甚至常常感到工作不顺心，仿佛时时处处有一只看不见的手在暗中扯你的后腿。百思而不得其解之后，你也许会灰心丧气颓然叹道："唉，那是上帝之手吧！"其实，那只手就是同事的手。

美国斯坦福大学心理系教授罗亚博士认为，人人生而平等，每个人都有足够的条件成为主管，平步青云，但必须要懂得一些应对竞争的技巧。掌握了这些技巧，你的成功也许就能事半功倍。

1. 要有竞争意识

在工作中勤于上进和学有所长的人，有时会遇到这种情况：有些比自己条件差的人却先于自己取得了某种成功，或者比自己升迁得快，或者比自己更容易被老板赏识和器重。这究竟是怎么一回事呢？答案之一便是你缺乏"竞争意识"。

人类自古至今，总是生活在各种各样的竞争之中，一个人要在职场生存和发展，就要有竞争意识，就要有一种比对手做得更好的意识。

勇于竞争和善于竞争，是使自己在人群中脱颖而出和在事业上卓尔不群的基本原因之一。一味埋头赶路而丝毫不顾及其他对手情况，缺乏在社会上立足的竞争意识，你就很可能会成为在同一起跑线上起跑的落后者。

2. 加强沟通，展现实力

工作是一股绳，员工就好比拧成绳子的每根线，只有各根线凝聚成一股力量，这股绳才能经受外力的撕扯。这也是同事之间应该遵循的一种工作精神或职业操守。

其实生活中不难发现，有的企业因为内部人事斗争，不仅企业本身"伤了元气"，整个社会舆论也产生不良影响。所以作为一名员工，尤其要加强个体和整体的协调统一。所以，无论自己处于什么职位，首先需要与同事多沟通，因为你个人的能力和经验毕竟有限，要避免给人留下"独断专行"的印象。

当然，同事之间有摩擦是难免的，即使是对事情有不同的想法，我们应具有"对事不对人"的原则，及时有效地调解这种关系。不过从另一角度来看，此时也是你展现自我的好机会。用实力说话，真正令同事刮目相看。即使有人对你有些非议，此时也会"偃旗息鼓"。

3. 互惠互利，共筑双赢

一只狮子和一只野狼同时发现了一只山羊，于是商量共同去追捕那只山羊。它们配合得很默契，当野狼把山羊扑倒后，狮子便上前一口把山羊咬死。

但这时狮子起了贪念，不想和野狼共同分享这只山羊，于是想把野狼也咬死。野狼拼命抵抗，后来狼虽然被狮子咬死，但狮子自己也受了很重的伤，无法享受美味。

如果狮子不起贪念，和野狼共享那只山羊，那不就皆大欢喜了吗？何必争得个你死我活的"单赢"呢？

单赢不是赢，只有双赢才是真正的赢。战争的至高境界是和平，竞争的至高境界是合作。一名职业人士在进入职场伊始，就应当力求这样的结果。互惠互利，共筑双赢，这是与竞争对手寻求共同利益的最好办法。

4. 心胸开阔，以静制动

通常情况下，我们会将自己的竞争对手看作死敌，为了成为那个令人艳羡的胜利者，也许会不择手段地排挤竞争对手：或是拉帮结派，或是在上司面前历数别人的不是，或是设下一个又一个巧计使得对方"马失前蹄"……但可悲的是，处心积虑的人往往并不能成为最终的赢家，除了沮丧和悔恨，什么也得不到。

你要知道，过分在意对别人的攻击，就会忽视自己的防守，就会把自己的弱点暴露出来。因此，适当地静观其变非常重要，在职场中越是锋芒毕露

越容易失败，所以一定要守好自己的阵地，做好自己该做的事

5. 学会欣赏你的竞争对手

张前到一家著名的广告公司去应聘，经过层层选拔，最终进入了复试，成了6位入围者之一。复试内容很简单：让每位入围者按要求设计一件作品并当众展示，让另外5人打分，写出相关的评语。

张前在评分时，对其中两人的作品非常佩服，怀着复杂的心情给他们打了高分，并写下了赞语。令他意外的是，他入选了！而更令他意外的是，他欣赏的那两人中只有一位入选！他不明白这是为什么。

该广告公司老总的一番话使他幡然醒悟。老总说："入围的6个人可以说都是佼佼者，专业水平都较高，这固然是重要的方面。但公司更为关注的是，入围者在相互评价中，是否能彼此欣赏。因为，庸才自以为是，看不见别人的长处，若对对方视而不见，那就显得心胸太狭隘了，从严格意义来说那不叫人才。落选的几位虽然专业水平不错，但遗憾的是他们缺乏欣赏对手的眼光，而这点较专业水平其实更重要。"

在当前日趋激烈的就业竞争中，是否具有欣赏别人的眼光和接纳别人的胸襟，是非常重要的。因为有了这样的眼光和胸襟，才能取长补短，团结协作，共同进步。这也正是复合型人才必备的素养之一。

早领悟 早成功

同事之间正确的竞争心态是既要竭力争取自己的利益，又不要忘记大家的利益；既要自己做得好一点，又不能让别人活不下去；既要努力达到自己的目的，又要学会宽容、妥协、让步。

第三章

经营管理有绝招

正确决策的 7 种方略

> 如果企业是花朵，正确的决策便是春天的和风；如果企业是果实，正确的决策便是秋天的阳光；如果企业是航船，正确的决策便是导引它到辉煌彼岸的风帆。

美国著名管理学家西蒙说："管理就是决策。"当然管理并不等于决策，但说决策是管理的"心脏"，管理离不开决策，一点也不过分。管理的成败取决于决策是否科学合理；管理效率的高低取决于决策的正确与否。

一些企业家之所以失败，就在于他们不懂得知己知彼，不调查研究，不摸清楚实际情况，不搞清楚事物发展趋势，而擅自"拍板"，盲目决策，甚至独断专行；不能客观地评估自己的实力与能力，取得一点进步与成绩，就忘乎所以了，认为自己没有解决不了的事，没有实现不了的目标，而心存侥幸、投机心理。这样的决策怎能不"每战必殆"！

正确的决策，对一个人，一个企业，乃至一个国家都很重要，那么在制定一项的决策时应该注意什么呢？下面介绍 7 种有助于正确决策的方略。

1. 合理安排工作的先后顺序

如果你能把你的工作排出个先后顺序，它们就好处理了。现在你就把你急于要做的工作排出先后顺序，然后马上就全力以赴地解决第一个问题，一直要坚持到做完为止。然后再用同样的办法去处理第二个问题。不要担心这样做一天只能解决一两个问题，关键在于这样做会逐渐解决你以往日积月累下来的许多问题。这样一来，你真正关心、真正着急的事情，马上就可以解决了。简单点说，你要实行急事先办的原则，一次只办一件事。即使这样仍然不能解决问题，你也不要采取其他办法，一旦你使这个系统运转起来，就要坚持到底。这样你才能逐渐清理掉过去积压下来的一些问题。

一旦开始使用这种办法，你将会发现自己处理问题的能力和速度有了惊人的提高。

2. 充分运用你的直觉

当年，Intel 公司将其产品由内存芯片转为微处理器，可谓是一种赌博。当时，公司已经把自己成功地塑造为芯片巨人，但笃信"只有偏执狂才能生存"的董事长葛罗夫迈出了激进的一步。他凭着自己的直觉预见到 PC 机将成为人们生活的核心，微处理器的需求将日益增长，于是 Intel 开始生产微处理器，为的是把 Intel 塑造为业界领袖和主导潮流的品牌，结果他成功了。

直觉决策在高科技企业中特别重要，高科技相信直觉，只有直觉才能造就伟大的成功。

但这种直觉并非"心血来潮"，更非"一时灵感"，要以独特的见解、富有远见的眼光、在信息吸收与处理上的卓越能力，才能产生灵感的火花，做出划时代的决策，使企业获得又一次飞跃。

3. 掌握"七要"、"四不要"

为了提高决策的正确性，务必要做到以下 7 点：

(1)对自己处理事情的能力要充满自信。做事不要拖拉，不要拐弯抹角，那样只能使你白白浪费精力而于事无补。

(2)收集信息，下定决心，要以完全相信自己是正确的心态发布你的命令。

(3)要重新检查你做出的决定，以便确定它们是不是正确和及时。

(4)分析别人做出的决定，如果你不能同意，你就要确认一下你不同意的理由是否是正确的。

(5) 要通过研究别人的行动以及吸取他们成功或失败的教训来拓宽自己的视野。

(6) 要心情愉快地承担起自己的全部责任。

(7) 去做你不敢做的事情，从而得到做那件事的能力。

以下 4 个决策的误区是必须避免的，它们分别是：

(1) 刻意追求完美

一个人不可能永远正确，当你犯了某个错误，如果能做到及时更正，就不会使错误继续发展下去，就不会造成不可挽回的损失。

(2) 混淆客观事实和主观意见

你的决策是建立在坚实的事实基础上的，而不是建立在你的感觉之上。如果你不能把客观事实和主观意见分离开，你就会遇到各种各样的问题。

(3) 在缺乏充分了解的情况下匆匆做出决定

缺乏对情况的充分了解，往往会做出错误的决定。诚然，有的时候你不可能得到你所需要的全部事实。但你必须运用你以往的经验、良好的判断力和常识性知识做出一个符合逻辑的决定。但是为图省事而不去收集可供参考的各种事实，那可是不能原谅的。

(4) 害怕承担责任

对于有些人来说，一个决定不是一个选择而是一堵坚硬的砖墙，那将使他们做任何事情都会感到软弱无力。

如果你由于害怕承担责任而迟迟不敢做出决定，你将一事无成。如果你发觉自己走上了错误的道路，不妨迷途知返，重新开始。

4. 信息是决策成败的焦点所在

决策的正确与否，是一个企业胜负存亡的关键。过分轻敌，对事物的发展总是"一厢情愿"，认为会和自己的主观想法相一致，这是许多人常常容易犯的毛病。多次实践证明，企业领导者决策能否顺利实现，很大程度上取决于决策所依据的信息是否准确及时。不准确的信息，会造成决策的失误，而不可能取得预期的效果。

5. 有所不为，才有所为

通用电气 (GE) 公司总裁韦尔奇在上任不久，便果断决定实行战略转移，退出使 GE 发家致富，且当时仍财源滚滚的家电业务领域，公司员工对此十分不解，都认为他是傻子，是疯子。然而正是由于韦尔奇的这一撤退战略，使 GE 公司成为当今最受推崇的公司。

对于企业战略而言，做出退出一个领域的决策往往要比进入一个领域更难，很多企业恰恰由于贪图小利而缺乏放弃的勇气，最终使自己陷于困境。

企业的发展，不能一味扩张，盲目求大求全，而是要有进有退，进退有序，该出手时就出手，该说"不"时就说"不"，有所不为，才有所为，企业才能掌握战略的主动权，占领产业发展的制高点。

6. 积极创新是决策的新境界

在竞争激烈的市场经济条件下，企业在市场上遇到的困难，很多时候往往是由于自身的思路不对。因此，创新思维的本领应为企业决策者们所掌握。及时改变原来的观点，开阔视野，重新判断，并迅速突破胶着状态，在新的思维状态下，做出新的决策。

7. 保持清醒的头脑

我们做任何事，做任何决定，都不能保证没有一点失误而绝对正确，每个人都常常由于外在的一些因素而做出错误的决策。所以，我们一定要时刻保持一个清醒的头脑，不要受下列情形的困扰：

(1) 真理并非在多数人手中

靠团体的意见来决策并不能保证完全正确。在讨论中，坐在会议室的人都讲同样的话并不是件好事。这里面必然有其他因素作怪。当老板讲完或同事发言时，迫于老板的威严或不愿与同事争执而伤和气，不少人总是随声附和，讲出雷同或不痛不痒的意见。这往往会使会议主持者和决策人难以了解真实情况，靠此做决定自然会脱离实际。

(2) 不要为美妙的话语迷惑

有两个投资合作项目，一个成功的机会是 80%，另一个有 20% 失败的可能，你选哪一个呢？实际上这两个项目成功与失败的机遇对等，只不过前者只提成功，后者强调了失败。但常理中，多数人总会选中前者，原因很简单，成功的字眼顺耳，使人兴奋。精明的决策者最看重的应是事实，而不是美妙话语堆砌的谎言，只有这样才能做出符合事实，而非想象的决策。

早领悟　早成功

在竞争日趋激烈的现代商业社会中，大多数企业之所以在市场上站不稳脚跟，在很多情况下是由于自身的决策不对。因此，企业的发展不能一味地追求速度，盲目向前走，而是要从宏观的视角出发，以决策为龙头，有退有进，有所为有所不为，只有这样，企业才能掌握战略的主动权和发展的制高点。

确保有效执行的 8 个技巧

满街的咖啡店，唯有星巴克一枝独秀；同是做PC，唯有戴尔独占鳌头；都是做超市，唯有沃尔玛雄居零售业榜首。而造成这些不同的原因，则在于各个企业的执行力的差异。那些在激烈竞争中能够最终胜出的企业，无疑都具有很强的执行力。像通用电气、IBM、微软、戴尔等就是如此，他们的成功皆与其杰出的执行能力有着直接的关系。

一家食品公司因为经营不善濒临破产，被国内一家大型食品集团收购后，人们都以为该集团要对这个烂摊子进行一次大刀阔斧的改革，可是万万没有想到的是，集团只派过来一位副总经理、一位总工程师、一位财务总监，人员还是原来的人员，制度还是原来的制度，只是把各种政策坚定不移地执行下去。结果只有一年，公司就扭亏为盈，重新焕发出青春活力。

为什么在相同的条件下取得两个截然不同的结果？这个巨大的差异正是由企业执行力的不同所引起的。

一位管理学家说，成功的企业，20%靠策略，80%靠企业各层管理者的执行力。没有执行力，就没有一切！执行力是一个组织成功的必要条件，组织的成功离不开好的执行力，当组织的战略方向已经或基本确定，这时候执行力就变得最为关键。战略与执行就好比是理论与实践的关系，理论给予实践方向性指导，而实践可以用来检验和修正理论，一个基业长青的组织一定是个战略与执行相长的组织。如何解决企业执行力，如何确保各项企业思路和战略决策得到有效执行，是摆在每一位管理者面前的一项极其重要的任务。

以下 8 个技巧可供参考。

1. 让适合的人做适合的事

孙子兵法有言："故善战者，求之于势，不责于人，故能择人而任势。"意思是说，优秀的将帅善于捕捉时机，选择合适的人才，形成于己有利的形势。

让适合的人做适合的事，才能突出有效执行的能力，否则就很难达到目的。我们知道，执行力是有界限的，某人在某方面表现很好并不表明他也能胜任其他工作。

一个工程师在开发新产品上也许会卓有成就，但他并不适合当一名推销员。反之，一名成功的推销员在产品销售上可能会很有一套，但他对于如何开发新产品却一筹莫展。

所以，在选聘人才时，应考虑其执行力是否与职位的要求相匹配。只有选择适合职位要求的人才，才能为企业创造价值。

2. 要有准确的目标定位

每个人都有很多目标，如个人目标、工作目标等。但有些人总是好高骛远，总是为最终目标不能达到而灰心丧气。也有些人把目标定得太低，低得自己坐着就能够着，而不愿意站起来去够，更不用说跳起来才够得着的目标。

相对自身能力和工作要求而言，无论是目标太高，还是目标太低，都是目标定位不准确，都并非明智之举。

3. 以奖励带动执行

企业执行力的提高，关键靠员工，只有员工积极努力地做好本职工作，战略计划才有可能得到很好地执行。但要让员工做好工作并且多做工作并非易事，这要求企业必须具有公平合理的薪酬和奖惩制度。

IBM 公司就是这么做的。IBM 公司为了充分调动员工的积极性，采取了多种奖励办法，既有物质的，也有精神的，从而使员工将自己的切身利益与整个公司的荣辱联系在一起。

许多有执行力的领导，在奖励优秀员工时，都将奖励与员工的业绩挂钩，以此来激励最优秀的人才，激发他们的积极性和创造性，为公司做出更大的贡献。

4. 将执行力融入企业文化之中

国际上一些著名管理咨询公司研究发现，优秀的企业文化是世界 500 强企业得以成功的基石。

企业文化对于推动企业的发展有着不可低估的作用，企业要富有执行力，就必须将执行力融入企业文化之中。执行力文化正在成为 21 世纪企业发展的主流文化，这种文化也是企业得以经久不衰的保证。

许多企业正是由于重塑执行力文化，才走上了成功之路。

5. 执行要从领导开始

1946 年，松下公司面临极大困境。为了渡过难关，松下幸之助要求全体员工振作精神，不迟到，不请假。

然而不久，松下本人却迟到了 10 分钟，原因是他的汽车司机疏忽大意，晚接了他 10 分钟。他认为必须严厉处理此事。

他以不忠于职守为理由，给司机以减薪的处分。其直接主管、间接主管，也因监督不力受到处分，为此他共处理了 8 个人。

松下认为对此事负最后责任的，还是作为最高领导的社长——他自己，于是对自己实行了最重的处罚，退还了全月的薪金。

仅仅迟到 10 分钟，就处理了这么多人，连自己也不放过，此事深刻地教育了松下公司的员工，在日本企业界也引起了很大震动。

在构建执行力组织中，领导者自身的因素非常重要，领导者本身的行为是整个企业的风向标，所有的员工都会拿它作为参照物。

所以，领导者要带动每个人共同负责，首先自己要积极参与到公司的日常业务中去，身体力行，让员工经常能看见你的身影。这样，才能给员工做出表率，影响员工，在公司里建立起执行力文化。

6. 充分的沟通是确保有效执行的基础

充分的沟通对于提高企业的执行力、建立真正的执行力文化具有十分重要的意义。在很多企业里，绝大多数会议纯粹是在浪费时间，会上并没有哪怕最基本的意见冲突——与会者对讨论的结果并不感兴趣，因为在他们看来不管最后讨论的结果是对还是错都不可能得到执行。当然，最后结果也正如他们所想的一样，所有的决策不是半途而废就是胎死腹中。

其实，让决策和战略成为真正有意义的东西、产生真正切实的效果的关键，在于与会人员是否进行了充分的意见和观点的交换，是否都本着解决问题的态度发表了自己的观点。只有真正的、坦诚的沟通，才能更好地避免执行不力的情况发生。

7. 好的团队打造好的执行力

企业的规模和组织越来越大，但执行的效率却越来越低。为了提高执行力，组织的变革是必要的，而变革的重点在于放松越来越严密的组织体系，赋予每个人机会，让他们的潜力得以充分地发挥。越来越多的公司发现，答案就在"团队"上。

俗话说："鸟枪打不过排射炮，沙粒挡不住洪水冲。"同样，一个公司的团队的力量就是"排射炮"、"洪水"，可以形成一股合力，让公司上下拧成一股绳，让心往一处想，劲往一处使。

8. 速度是决定执行力成败的重要因素

衡量执行力需要速度，这也是个非常重要的环节。执行力归根到底就是一个速度问题，一件事让一家公司做要花 7 天时间，但是另外一家公司却需要花一个月才可以把这个事做好，原因是什么？所谓效率的问题，其实就是速度的问题。要想更好地执行，速度才是最重要的。

比尔·盖茨深深地了解这一点。在微软公司若干重大危急关头，他总是采取果断措施，抢在别人前面，因而获得了成功。

当今时代，不仅是一个"大鱼吃小鱼"的时代，更是一个"快鱼吃慢鱼"的时代，因此对企业执行任务的速度提出了更高的要求，没有速度要求的执行力不可能为企业在如此激烈的市场竞争中获取竞争优势。特别是在信息技术和互联网技术提供了更快更低成本获取信息的方式下，决策的速度进一步提高，要求执行力能尽快跟上决策的速度。

早领悟 早成功

企业经营要想成功，执行力是关键因素。许多企业虽有好的战略设想，却因缺少执行力，最终失败。市场竞争日益激烈，在大多数情况下，企业与竞争对手的差别在于双方的执行力。如果对手在执行方面比你做得更好，那么它就会在各方面领先于你。

打造领导影响力的 8 个方法

> 　　领导活动是有组织、有目的的社会活动，是领导者和被领导者相互影响、相互作用的过程。在这个过程中，领导作为一种指挥和控制行为，实际上就是领导者对被领导者施加影响的过程，领导者要想对被领导者施加有效影响，就必须学习、研究并打造领导影响力。

你是否有这样的经历：自己虽被冠以团队领导人头衔，却有叫不动下属、无法让团队成员向你报告的困扰？

《世界管理者文摘》指出，在过去金字塔式的组织结构中，资讯不流通，领导以职位与掌握特殊资讯的权力，命令下属照章办事。但现在的组织呈扁平化、团队化，资讯科技发达，领导过去的权力基础尽失，因而愈来愈需要影响力，才能带动大家朝共同的目标努力。

而且，现在员工的教育程度愈来愈高，对工作的期待是参与、被咨询，这样的员工可以被影响，但不容易被指挥。

如何打造自己的领导影响力呢？有关学者与专家提出了如下 8 种打造领导影响力的方法。

方法 1：道德品质是决定影响力的重要因素

现实生活中经常可以看到这样的现象：某位官员位高权重却没有什么影响力，有的只是权力，而一个平民百姓却可以受人尊敬、受人爱戴，究其原因，道德品质在其中起着非常重要的作用。

道德品质是构成领导影响力的最重要因素。因此，要提升领导影响力，必须提高自身的道德品质。

方法 2：培养良好的心理素质

美国著名心理学家特尔曼曾对 800 名男性进行了长达 30 年的追踪研究，并对其中取得成就最大的 20% 的人和成就最小的 20% 的人进行比较分析，结果表明，其成就大小的差别并不在于智力水平的高低，而在于心理素质的差异，可见健全的心理素质对人成功的影响。就领导者而言，健康的心理素质对其提升领导影响力也有重要的意义，它是领导者成功的保障。

方法 3：提高自己的决策力

20 世纪 70 年代，世界石油出现了危机。在石油危机面前，美国的克莱斯勒汽车公司做出了一个错误的决策：继续生产大型豪华轿车。结果损失惨重，公司濒临倒闭。董事会为此解除了公司总经理的职务，聘请了前福特公司的总经理艾柯卡出任总经理。艾柯卡上任后，对他的属下所说的第一句话就是："决策的失误是最大的失误。"

所谓决策，就是领导者为了解决某一问题，根据主客观条件，对未来的行动方案进行设计、选择，并做出决定的过程。决策是领导者确定方针、策略的活动，是整个领导工作的关键与核心。因此，领导者要提升领导影响力，必须科学正确地进行决策。

方法 4：知人善任，重视人才

古人云："得人者得天下，失人者失天下。"

实践证明，事业的兴衰，政权的兴亡，与人才有着非常密切的关系。正像诸葛亮所总结的："亲贤臣，远小人，此先汉所以兴隆也；亲小人，远贤臣，此后汉所以倾颓也。"

知人善任，公道正派地使用人才，是领导者提升领导影响力不可或缺的环节。领导者必须深刻地认识到这一点，为企业选好人才、用好人才。

方法 5：在人际关系中打造影响力

亚里士多德说："一个生活在社会之外的人，同他人不发生关系的人，不是动物就是神。"领导影响力是一种对他人的影响力，是在与他人的交往中，在人际关系的互动中产生的。与他人建立真诚美好的关系是领导影响力的源泉。

方法 6：提升语言艺术的水平

在 300 多年前，英国著名作家、政治家约瑟夫·爱迪生就曾说过："如果人的心灵是敞开着的话，我们就会看到，聪明人和愚笨者在心灵上并没有多少区别，其差异仅在于前者知道如何对其思想进行有选择的表达，而后者则毫不在意地全盘托出。"这话实际上是说"聪明人是想好了再说，愚笨者是说完了再想"。先想再说，还是先说再想，不是单纯的表达顺序问题，而是反映了说话人的能力。人们常常根据一个人的言谈对他进行评价，对领导者也不例外。

口才好的人，话说得令人钦佩，往往也可以使自己的地位抬高许多，大家也乐意接受他的建议甚至命令。甚至有些胸无点墨的人，往往因为口才好，而被看作是个有本事的人。笨嘴拙舌的人，往往容易被人看不起，陷入交际的不利处境。因此，如果你具备一定的能力，又具备良好的口才，能够轻易说服别人理解并执行你的意愿，那你就是个具有影响力的人。

方法 7：形象好才能影响人

马克·吐温说："衣着塑造一个人，不修边幅的人在社会上是没有影响的。"领导影响力是依靠个人魅力影响他人，而个人魅力的展示首先是个人形象的问题，想影响别人就要展示出良好的形象。事实上每一个有影响力的领导者靠的不仅是杰出的才能、优秀的品质，更重要的是他们懂得如何展现形象的魅力，让追随者把他的形象与自己追求的未来结合为一体。出众的形象也是呼唤、吸引千千万万的追随者的重要原因。

方法 8：做一个高情商的人

情商影响力的大小与情商有着密切关系，在一项以 15 家全球企业如IBM、百事可乐及富豪汽车等的数百名高层主管为对象的研究中发现，平庸领导人和卓越领导人的差异，主要是来自于情商。卓越的领导者在一系列的情商如影响力、团队领导、自信和成就动机上，均有优秀的表现。

一个具有较高情商的人，他的影响力往往可以得到充分的发挥和施展，从而取得更大的成功。在今天这个凡事都离不开分工合作的时代，情商直接决定了一个人的影响力，情商高的领导者能够游刃有余地影响自己的下级、同事、周围的人，成就自我。

早领悟　早成功

如果说传统意义的领导影响力主要依靠权力，那么现代意义的领导影响力则更多是靠其内在的特质。一个成功的领导者不是指身居何等高位，而是指拥有一大批追随者和拥护者，并且使组织群体取得了良好绩效。领导影响力日渐成为衡量成功领导的重要标志。它是建立在自信心基础上的对领导责任、权力和成就的追求，并且主动提高领导水平和领导艺术，提高组织效率，达到更高的领导效果，从而获得更广泛的领导影响力。

树立企业品牌的 6 个关键

市场经济在由较低阶段逐渐发展到较高阶段的过程中，经过优胜劣汰的市场竞争的洗礼，名牌产品在市场中的地位逐步上升，现代市场经济则成为名牌争天下的时代。对于一个企业来说，要想谋求超常规的高速发展，推行品牌战略，争创品牌，靠品牌打天下无疑是一条便捷的成功之道。

在当今时代，品牌消费已经成为时尚和潮流。这股潮流准确无误地告诉企业：在你死我活的市场竞争中，一个企业若没有在国际、国内市场打得响的名牌产品，在当今日趋激烈的市场竞争中，就只能处于被动地位，永远落在别人后面。

由于国家、地区和行业之间经济发展不平衡，形成"名牌争霸天下"竞争格局的时间自然有早有晚，但是，这却是市场经济发展的共同趋势。因此，我们应该清醒地看到，当今国际范围的经济竞争，表现为市场竞争，实际上是品牌的竞争。毫无疑问，只有创出并能保住和发展自己品牌的企业，才能赢得市场，从而拥有光辉灿烂的未来。

树立自己的企业品牌要掌握以下 6 个关键：

关键 1：打造非凡的质量魅力

想树立自己的企业品牌吗？那你首先必须闯过质量关。

名牌产品，人见人爱。它对消费者的巨大吸引力，来自其非凡的质量魅力。名牌追求的不是一般的质量，而是超群的质量，完美无缺的质量，让用户无可挑剔的质量，最高层次的质量。

凡事预则立，不预则废。名牌产品的质量是经过多道工序、多个环节、众多员工共同努力形成的。从原料的选择、加工、制作到产品制成出厂，无不是精益求精的过程。只要其中稍有差错，辛辛苦苦营造的名牌大厦就有顷刻间倒塌的危险。

因此，企业要想树立自己的品牌，从创业之日起，就要树立起强烈的质量意识。这是企业创名牌的先决条件。

关键 2：制定明确的目标

当人们的行动有明确的目标，并且把自己的行动与目标不断加以对照，清楚地知道自己的行进速度和与目标的差距时，行动的动机就会得到维持和加强，人就会自觉地克服一切困难，努力达到目标。因此，对企业来说，要树立自己的企业品牌，应该制定明确的目标，用科学的量化指标来衡量进度。

关键 3：选准适当的市场"突破口"

一次，日本的一家钟表商想要打入美国钟表市场，使自己的钟表品牌在美国占据一席之地。但这并非一件容易的事，因为美国市场上一直是本地表和欧洲表的天下。

聪明的钟表商对美国市场进行了认真调研，他们了解到，31%的美国人追求优质名牌表，而46%的消费者则喜欢性能较好、价格适中的表，还有23%的顾客对价格较敏感，对表的品质要求不高，却希望便宜。而美国本地和欧洲的一些大公司的产品主要满足第一类市场，另外两类市场却被忽略了。

日本钟表商自知不敌美国和欧洲的高档表，于是选定了中、低档手表市场作为自己的"突破口"，推出价廉物美的产品，乘虚攻入了这两类市场，获得了很大的市场份额。

商场如战场，企业要使自己的品牌在对手如林的市场上占有一席之地，同样需要避实击虚，选准适当的市场"突破口"。企业经营者要有灵敏的嗅觉，同时对市场的变化要有闪电般的应变力。

关键 4：审时度势，把握机遇

两只青蛙相邻而居。一只住在远离大路的深水池塘里，另一只却住在大路上的小水坑中。

大路上车来车往，交通繁忙。住在池塘里的青蛙劝住在水坑的邻居搬到它那里去，说那将会生活得更好、更安全，可是邻居却说舍不得离开习惯了的地方，不想搬来搬去。

结果，几天后，这只不愿搬迁的青蛙就被路过的车子轧死了。

习惯于环境，不图变迁，不但过不上好日子，还会为旧环境所困扰，有性命之忧。企业面对的不是一成不变的市场环境，所以应审时度势，把握时代的脉搏，并能抓住机遇，充分利用时代提供的有利条件。只有这样，才能让企业、企业的产品及其品牌在瞬息万变的市场上站得住脚跟。

关键 5：持之以恒的信誉保证

奔驰牌轿车，全世界妇孺皆知的名车，正是它所在的公司，生产出了世界上第一辆小汽车。经历了整整一个世纪的考验之后，今天，它在广大消费者心目中仍然信誉卓著。尽管奔驰车价格昂贵，为一般小汽车的两倍以上，但仍供不应求，原因正是其以及持之以恒的信誉保证。难怪公司在广告中骄傲地宣称："如果有人发现我们的奔驰车发生故障，被修理厂拖走。我们将赠送您 1 万美元！"

一个企业品牌需要企业数十年的精心培育，需要经历一次又一次的市场考验，需要面对竞争者一次又一次的挑战，需要经受消费者反复的筛选和认同，才能最终修炼成功。持之以恒，常抓不懈，这是品牌信誉的保证。否则，如果质量忽好忽坏，就会失去顾客的信任，失去品牌，失去市场，失去企业生存的土壤。

关键 6：拥有独特的技术优势

技术优势是一种超前的优势，是一种在市场上最具攻击力的优势。它使对手难以模仿，使企业能够在竞争中遥遥领先。特别是在当今科学技术已经成为经济发展的主旋律的时代，技术优势对企业树立自己的品牌来说，更具战略意义。很多世界级的名牌产品，都是依靠其独特的技术优势成名的：美国 IBM 公司的电脑、日本索尼公司的音像制品、尼康公司的专业用照相器材等，举不胜举。企业如果在技术方面占据了优势，离企业品牌的树立恐怕只有一步之遥了。

早领悟 早成功

商机无处不在，成功的前提是具有敏锐的观察力并果断地决策。品牌并不一定要提供品质最好、技术最先进的产品，但应是人们最需要的产品。

有人说，品牌营销时代，创造天才让位于沟通天才。更多的时候，品牌的差异并不在于产品本身，而是在于为这个品牌所赋予的内涵，以及这个内涵是否具有自己的独特之处，这也是更多品牌的创意所在。

最有效的6种营销方法

> 现代商战的激烈和残酷，并不亚于军事上的战争。在市场营销战中，谁能巧出"奇兵"，往往谁就能在众多的同行中脱颖而出，成为众人瞩目的对象。由此，对一个企业来说，能否掌握有效的营销方法是决定其在激烈的市场竞争中能否立足的重要因素。

在当今，寻找最有效的营销方法，已成为营销界的热门话题。随着市场经济的发展，市场竞争的加剧，企业生存和发展的压力越来越大，迫使各商家使出浑身解数变换营销策略。可以说，能否掌握有效的营销方法是决定一个企业能否在激烈的"营销战"中立足的重要因素。

方法1：市场细分，确定目标市场

市场细分是指根据消费者（或用户）需求、购买行为和购买习惯的差异，把整个市场分为需求大体相同的消费者（或用户）组成的若干细分市场，从而确定企业目标市场的过程。

企业由于人力、物力、财力的限制，不可能使一种产品满足整体市场需求，而只能满足其中一部分消费者的需求。同时，这也可以保持效率。

1970年菲力普·摩里斯公司买下了位于密尔瓦基的美勒啤酒公司，并运用市场营销的技巧，使美勒公司在5年后在啤酒行业市场占有率上升到第二名。

原来的美勒公司，在全美啤酒行业中排名第七，市场占有率为4%，业绩平平；到1983年，菲力普·摩里斯经营下的美勒公司在全美啤酒市场的占有率达到21%，仅次于第一位的布什公司（市场占有率为34%），人们认为美勒公司创造了一个奇迹。

美勒公司之所以能创造奇迹，在于菲力普公司在美勒公司采用了市场细分策略。它由研究消费者的需求开始，将市场进行细分后找到机会最好的细分市场，针对这一细分市场做大量广告，进行促销，从而取得了成功。

方法2：开发新产品

当代商业社会，科技进步日新月异，各种新知识、新产品、新技术不断产生，一些传统旧观念、方法和技术已无法适应不断发展的社会需求。产品生命周期迅速缩短，已成为当代企业不可回避的现实。正是这种现实迫使每个企业不得不把开发新产品作为关系企业生存兴亡的战略重点。如创建于1902年的美国明尼苏达采矿制造公司，从生产砂纸开始，逐步发展到卫生保健、电力、运输、航空、航天、通讯、建筑、教育、娱乐与商业。公司在发展中，始终保持着锐意创新的精神，它比其他公司更快更多地开发出新产品。它曾气度非凡地推出一份引人注目的产品目录，从不干胶贴纸到心肺治疗仪器，竟达6万多种。据统计，公司年度销售额的30%左右来自近5年内开发出的新产品。正因为如此，明尼苏达公司在美国500家大企业中位居第28位，销售额140多亿美元，利润达到12亿美元。

企业必须善于开发新产品。因为每一个产品似乎都会经历一次生命周期——诞生到死亡。如果没有新的产品开发出来，那么企业的产品线就会中断，其后果之严重可想而知。

方法3：进行合适的价格定位

价格上的取向往往是市场营销战中最受企业关注的一环，把价格当成市场进入的关键来定位是恰如其分的。大多数企业在进入市场时，经常用价格来渗透扩大市场并提高市场占有率。例如，日本公司定的价格比竞争对手低得多，以此获得了潜在的顾客群，而且情愿忍受初期的损失。日本人拿出比标准产品低一档次的商品进入市场时，其价格总是比美国企业低得多。本田公司最初的摩托车价格是250美元，与美国摩托车的1000～1500美元价格相比要便宜得多。当美国厂家的六管半导体收音机每台60美元时，日本的三管半导体收音机仅卖14美元，而且后来又降低到3.75美元，从而挤占了美国厂家的市场。就是在高技术产品市场，日本企业也采取积极的价格战略。现在，日本机器人产业已成为世界的中心，但进入世界市场的当初也是以价格为武器的。20世纪80年代初，许多日本厂家出售了价格比美国厂商更便宜的机器人。

方法4：适时进行促销活动

现代市场营销不仅要求企业发展适销对路的产品，制定吸引人的价格，使目标顾客易于获得他们所需要的产品，而且还要求企业控制其在市场上的形象，设计并传播有关的外观、特色、购买条件以及产品给目标顾客带来的利益等方面的信息，即进行促销活动。

促销活动实际上是全部市场营销活动中的关键部分。即使设计出完美的产品或服务力图满足迫切的消费者需要，如果作为目标对象的消费者并不知道其存在，不了解其用途，也没有获得从哪里可以得到它的建议，就等于没做。

广告、销售促进、宣传、人员推销是企业进行促销活动的四大法宝，合理地进行选择和综合编配是企业促销活动成败的关键所在。这样才能实现企业的营销目标。

方法5：提升产品的品牌忠诚度

品牌忠诚是指由于对某一品牌的信赖、忠诚而产生的重复购买行为。品牌忠诚的战略重要性可以用世界上最著名的品牌之一——可口可乐的案例来说明。

据品牌研究机构的估计，可口可乐公司的品牌价值将近 1000 亿美元，该价值从何而来呢？首先，这一品牌在进入 20 世纪以后就已流传甚广了，对这一品牌满意的顾客几乎随时随地都可以再买到产品。其次，该公司使用诸如沙漏形瓶装和红色、白色罐装等标志，这样消费者就学会了把这些标志与过去的品牌满意联系起来。第三，公司持续不断的广告强化了这些满意和联系。第四，通过在全球范围内建立这样的学习、强化和品牌资产，现在可口可乐已经被视为美国的一个象征。

1985 年可口可乐公司宣布改变品牌配方，遭到广大顾客的一致反对，迫使公司不得不恢复原有的配方，这说明了这一品牌在顾客心目中深受钟爱。假如公司坚持导入新的可乐，那么原先的许多满意将变为不满意，强化作用趋于消退，也就是说，经验和品牌之间的积极联系将不复存在。

可见，消费者对某一品牌的满意经验，将导致这一品牌购买的常规化。对于这样的购买，消费者几乎不用做任何的品牌评估。只要意识到要求，就会直接购买。

方法6：特色营销，突增效益

在印度，一些旅游区的经营者，其营销方法可谓别出心裁。

其特点是，在峰回路转的旅途中，每当旅游者迷失了方向，就会有身穿西装背心的猴子走来为你指引方向，充当导游；当旅游者饿了，只要用手拍拍肚子，猴子就会引你直奔餐厅；当游客将手放在脑后做出睡觉的样子，猴子就会领你去找旅店；当游客做出一个举杯的畅饮的姿势，它们就会立刻为你指点酒吧的方向。

这些猴子之所以如此聪明，是因为它们毕业于"猴子旅游专科学校"，在学校受过长达 3 年的"专业训练"。留意这些猴子时，游客就会发现它们都持有正儿八经的"合格证"，所穿背心的正面写有它们的名字，贴有照片，照片背后记录着它们的"毕业成绩"，而且，背上也有一个专门用来收费的口袋。

类似具有特色营销的例子不胜枚举。那么，这些事例给我们以何种启示呢？商界有句名言："谁聪明谁才能赚，谁独特谁才能赢。"一些企业之所以在众多的竞争者中独树一帜，就是因为它"聪明"和"独特"。

早领悟 早成功

在营销中，无论你是一个战斗在市场一线的营销人员，还是坐镇一方的大区经理和营销总监，每个人都面对着各自的敌人和配合战斗的同壕战友，都在一个胜与输的游戏中生存。更形象一点说，营销其实就是一种看不见血的战争，又是一种令人疯狂的游戏，身处这样一种充满挑战的行业，使每一位营销人员都陷入了一种对营销这个职业的狂热之中。

有效应对市场危机的 4 种策略

危机是在竞争激烈的市场中不可避免要碰到的。正视这个现实，要勇于面对各种危机。一般说来，危机会带来损失，但塞翁失马，焉知非福？企业经营者只要以另类的思维去分析危机，就能从危机中捕捉到商机。

2004 年，法国著名零售品牌"家乐福"在中国市场遭遇了一场严重危机。因为不能承受家乐福的收费之重，洽洽、阿明、正林等 11 家知名炒货品牌组成"炒货联盟"，通过炒货行业协会在上海与家乐福对峙。很快，造纸业推波助澜，将家乐福置于尴尬境地。然后，家乐福低价搅局，惹恼春兰空调，后者扬言要给家乐福以 5 万元重罚。众多矛盾瞬间爆发，家乐福与供货商在"通路费"问题上狭路相逢，在市场和利润上进行博弈。

面对这次市场危机，家乐福并没有采取积极行动，它"一如既往地在维护自己高高在上的尊严"。在此情景下，这未免太不合时宜。其实，一直以来，家乐福就轻视政府公关，忽视和传媒的关系，一味强调"应该用事实说话，大家可以来家乐福看看，客户的货架是满的"。家乐福态度生硬，一再推卸责任，并开始挑"敌方"的毛病，一时间，国内数百家媒体对它一致"声讨"。

有关人士说，各种各样错综复杂的问题构成危机事件，如果对危机事件处理不当将导致对企业或品牌造成伤害，这也是自进入 2005 年以来，一些跨国公司在中国之所以麻烦不断的原因。当企业即将面临或正在遭遇市场危机时，寻找有效的应对策略至关重要。下面是一些常见的应对策略，以供参考：

1. 预防是解决危机的最好办法

森林里，一只野狼卧在草上勤奋地磨牙，狐狸奇怪地问道："森林这么静，猎人和猎狗已经回家了，老虎也不在近处徘徊，又没有任何危险，你何必那么用劲磨牙呢？"野狼停下来回答说："我磨牙并不是为了娱乐，你想想，如果有一天我被猎人或老虎追逐，到那时，我想磨牙也来不及了。而平时我就把牙磨好，到那时就可以保护自己了。"

这个寓言给我们这样的启示：企业应该未雨绸缪，居安思危，时时刻刻预防可能出现的危机，这样在危机降临时，才不至于手忙脚乱。

"预防是解决危机的最好方法"，这是英国危机管理专家迈克尔·里杰斯特的名言。当企业所面临的潜在危机演变为现实危机时，仓促应变经常是来不及的，没有居安思危的思想，没有提前做好准备，失败是不可避免的。

2. 依靠内部合力战胜危机

1930 年是美国经济萧条最厉害的一年，全美国的旅馆倒闭了 80%，希尔顿饭店也是一家接一家地亏损不堪，曾经欠债高达 50 万美元。

这时，希尔顿饭店的董事长希尔顿亲自召见每一家旅馆的员工，特别交代和呼吁道："目前正值旅馆亏空，靠借债度日的时期，我决定强渡难关，一旦美国经济恐慌时期过去，我们希尔顿饭店很快就能进入云开日出的局面。因此，我请各位注意，万万不可把心里的愁云摆在脸上，无论饭店本身的遭遇如何，希尔顿饭店服务员脸上的微笑永远是属于顾客的。"

正是由于希尔顿在饭店亏损的关键时期，能够勇敢地应对，正确地分析了情况，并把所作出的决定告知了员工，从而取得了员工的理解和支持，结果经济萧条刚过，希尔顿饭店就进入了新的繁荣期，跨入了经营的黄金时代。

3．重新定位，赢回市场

"派克"笔在 20 世纪的四五十年代非常知名，占领了很大的钢笔市场。

但是，匈牙利的贝罗兄弟发明了圆珠笔，打破了派克公司一统市场的局面。由于圆珠笔实用、方便、廉价，一问世就深受广大消费者的欢迎，使得派克公司大受打击，其身价也一落千丈，濒临破产。

派克公司欧洲高级主管马科利认为，派克公司在和圆珠笔的市场争夺战中犯了致命的错误，不是以己之长，攻人之短，反而以己之短，攻人之长，这是它失利的主要原因。

马科利筹集了足够的资金买下了派克公司，然后立即着手对派克钢笔重新定位，重新塑造派克钢笔的形象，突出其高雅、精美和耐用的特点，希望把它从一般大众化的实用品牌，重新塑造成为一种显示高贵社会地位象征的高端品牌。为此，他采取了削减钢笔产量、提高销售价格和增加广告预算、宣传钢笔知名度两项举措。由于方向正确，措施得力，马科利的战略目标实现了。到了 20 世纪 80 年代，派克钢笔又一次提高了售价。以实用为标志的老派克钢笔没落了，老派克公司也因此不复存在。新的派克钢笔却以炫耀、装饰为标志的形式还魂了，"派克"品牌也随之重获新生。

置之死地而后生，马科利的胆子可谓大矣。要对产品重新定位，重塑一个濒临破产的品牌形象，不仅很难，而且风险很大，所以一般很少有人去尝试。但是一旦定位准确，措施得力，那么这个品牌就能起死回生，赢回市场，重新焕发勃勃生机。

4．从哪里摔倒，就从哪里爬起

1982 年 9 月，强生公司面临一场生死存亡的危机。原来，芝加哥有人因不明原因而死亡，经法医鉴定为服用了含有氰化物的强生公司"泰诺"胶囊所致。止痛药里居然含有剧毒物质！这一惊人的消息立即广泛传播开来。媒体报道说死亡人数将达到 2000 人（实际死亡人数为 7 人）。服用"泰诺"胶囊的消费者产生了极大的恐慌。民意测验表明，94% 的服药者表示以后不再服用该药。面对如此严峻的危机，公司领导显示了非常高的危机管理素质。他们迅速采取了果断的措施，一方面成立了以董事长为首的 7 人委员会，24 小时与外界保持联系，以坦诚的态度与新闻界合作。另一方面，通过整页的广告与电视宣传将 360 万粒胶囊 5 天内从全国各地商店的货架上和家庭药柜中收回。强生公司还积极配合美国有关方面的调查，并对收回的胶囊进行抽检。

化验结果表明，只有芝加哥地区收回的一批胶囊中有几粒受到氰化物的污染，其他地区一切正常。很显然，这是一起人为的蓄意破坏。强生公司向公众公布了检查结果，同时郑重声明公司在这次意外事故中将自始至终坚守自己的信条："公众和顾客的利益第一。"为了消费者的健康，公司将不惜任何代价，销毁收回的药物，为了避免再次发生类似事件，公司已在酝酿改进药物包装。

强生公司的一系列决策通过媒体进行了报道。公众明白了事情的真相后，对强生公司这种坦诚给予高度赞扬，使公司的名誉损失减少到最低限度。"泰诺死人"事件后不久，美国当局发布了新的药品安全包装规定。强生公司抓住这个良机，对"泰诺"胶囊重返市场进行了精心策划。

随后，强生公司董事长亲自主持大型记者招待会，对新闻界公正对待"泰诺事件"表示了感谢，并现场播放了公司新包装药品生产过程的录像。美国各电视网通过卫星转播了这轰动一时的事件。通过这次记者招待会，消费者打消了对新"泰诺"的疑虑，强生公司重新赢得了消费者对其产品的信任。

重新设计包装的"泰诺"胶囊投入市场，3个月后，市场占有率恢复到危机前的95%，从而重新占据了市场上的领先地位。

危机发生后，应当坚持把消费者的利益放在第一位，因为消费者才是最高的"法官"，欺骗消费者是愚蠢的，掩盖事实真相只会使事件更加糟糕。要善于与各方面建立良好的沟通关系，利用新闻媒体将危机产生的原因及时公之于众，借以消除公众的疑虑。事件的影响由媒体而生，消除事件的影响也非媒体不行。从哪里摔倒，就要从哪里爬起！

早领悟　早成功

现代的商场是"群狼乱舞"的时代，在你的身后总是有一群"贪吃"的狼，如果你疲倦了，跑不动了，那么，成为群狼的口粮就是你的最终结果；如果你总是精力十足，越跑越有力，越跑越快，那么，群狼将逐渐离你远去。不过，不要忘了，群狼只是暂时远离，但仍然跟在你的身后！所以，你要时刻树立牢固的危机意识。

第四章

科学管理你的财富

如何制订科学的理财计划

人们面对理财顾问的种种建议和五花八门的理财产品，往往感到无从着手，很难选择适合自己的理财计划。如果划分人生的理财阶段，明确其各自的特点，则有助于不同的人在不同时期制订适合的理财计划，有助于人们合理支配资金，得到有效的保障。

人类的需求是有层级之分的：在安全无忧的前提下，追求温饱；当基本的生活需求获得满足之后，则要求得到社会的尊重；之后会进一步追求人生自我价值的实现。

要依层级满足这些需求，必然要有好的经济基础。因此，你必须认识到理财的重要性，制订一套适合自己的理财计划，合理利用财富来达到自己的目标。因此，我们要学会制订科学的理财计划。

1. 做好理财的心理准备

想要改变个人的理财行为，规划好适合自身的理财计划，最重要的是做好理财的心理准备。除非你愿意接受，否则，不论多么成功的理财顾问，或是多么优秀的理财产品，都不够吸引你走出实质性的一步。

（1）要端正理财的动机。不论是因为没钱，还是担心未来的退休生活，理财的动机是非常重要的。

（2）尊重理财顾问的意见。理财顾问的建议有可能对你发挥影响力，即理财计划只对主动的人有效。

2. 理财从单身开始

单身阶段经济收入比较低且花销大，是资金积累期。在此阶段可进行合适的投资活动，投资的目的不在于获利而在于积累资金及投资经验。所以，可抽出部分资本进行高风险投资，目的是取得投资经验。另外还必须存下一笔钱，一为将来结婚，二为进一步投资准备本钱。此时，由于负担较少，年轻人的保费相对较低，可为自己投保人寿保险。

在进行收支规划前，下列几点应是您首要考虑的：

您的收入足够支付目前的开销吗？您的收入在未来的成长空间有多少？未来若有新增加的支出，您已经规划好能够有充裕的开销了吗？

考虑好以上几点后，再仔细检查每月的开支，并且改善自己的消费习惯，以下拟订的几项实行计划以备参考：

（1）拟订目标，希望每月能固定存入多少金额，以准备投资理财。

（2）采取每日定额法，限定每日身上所带的现金，不需带太多，以正常花费够用即可。至于信用卡则只留一张以应紧急需要。现金不多带，买东西前多考虑一下，也自然不会乱花钱了。

（3）不要看到喜欢的东西就买，仔细考虑其实用性。

（4）减少到高消费场所娱乐的次数。

（5）每餐的费用尽量控制在 100 元以内。

（6）最重要的是要记着记账！

3. 家庭形成阶段的理财计划

家庭形成阶段即从结婚到孩子诞生这段时期，这一时期是家庭的主要消费期。经济收入增加而且生活稳定，家庭已经有一定的财力和基本生活用品。随着家庭的形成，家庭责任感和经济负担的增加，保险意识和需求有所增强。为保障一家之主在万一遭受意外后房屋供款不会中断，可以选择缴费少的定期寿险、意外保险、健康医疗保险等，但保险金额最好大于购房金额以及足

185

够家庭成员 5 ～ 8 年的生活开支。

结婚成家后，理财就成为夫妻双方的共同责任。那么，怎样根据双方经济收入的实际情况，建立起合理的家庭理财计划，使家庭的稳定收入由小变大，得以保值增值呢？下面介绍几种理财之道，以供参考：

(1) 尊重另一半的消费习惯。夫妻双方来自不同的家庭，经济背景、消费习惯不尽相同，花钱消费的观念也难免存在差异。因此应充分尊重对方的消费习惯，不要过分干预，而只能在今后的共同生活中循序渐进地进行改造或适应。对于较大的财务收支，要共同商定，免得日后发生问题时引起双方争执，影响夫妻的和睦。

(2) 保持理智的消费观。家庭形成阶段的经济基础一般都比较薄弱，双方要立足现实，不要超越家庭的经济承受能力，盲目消费。

(3) 集中家庭闲散资金进行投资理财。夫妻双方的收支要公开，不要设"小金库"。除去日常的生活开支，将双方的闲散资金参加银行储蓄，购买债券、保险，有条件的可投资证券基金或股票等，通过精心运作，使家庭资金达到满意的收益。

(4) 及早计划家庭的未来。在家庭形成阶段，一般都会有许多目标需要去实现，如养育子女、购买住房、添置家用设备等，同时还有可能出现预料之外的开支。因此，要对未来进行周密的考虑，及早做出长远计划，制订具体的收支安排，做到有计划地消费，量入为出，每年有一定的节余，为家庭建立储备资金。

4. 家庭成长阶段的理财计划

家庭成长阶段指从孩子出生直到其参加工作，在此阶段，家庭的最大开支是医疗保健费、教育、智力开发费用。同时，随着子女的自理能力增强，父母精力充沛，又积累了一定的工作经验和投资经验，投资能力大大增强。在投资方面，鼓励以创业为目的，如进行风险投资等。购买保险应偏重于教育基金、父母自身保障等。这一阶段里子女的教育费用和生活费用猛增，财务上的负担通常比较繁重。那些理财已取得一定成功、积累了一定财富的家庭，完全有能力应付，故可继续发展投资事业，创造更多财富。而那些理财不顺利、仍未富裕起来的家庭，则应把子女教育费用和生活费用作为理财重点。在保险需求上，人到中年，身体的机能明显下降，对养老、健康、重大疾病的要求较大。

5.家庭成熟阶段的理财计划

家庭成熟阶段指子女参加工作到家长退休这段时期。这一阶段，人自身的工作能力、经济状况都达到高峰状态，子女已完全自立，父母债务已逐渐减轻，最适合累积财富。因此理财的重点是扩大投资，但不宜过多选择风险投资的方式。此外还要存储一笔养老资金，养老保险是较稳健、安全的投资工具之一。

6.退休之后的理财计划

这一阶段主要以安度晚年为目的，投资和花费通常都比较保守。理财原则是身体、精神第一，财富第二。保本在这时期比什么都重要，最好不要进行新的投资，尤其不能再进行风险投资。另外，在65岁之前，检视自己已经拥有的人寿保险，进行适当的调整。

早领悟　早成功

科学理财是一种从专业角度提出的建立在理性思维基础上、能根据市场变化主动调整财务安排的理财方式。研究表明，科学理财的效率和效益高于多数人的混沌式理财。谁最懂得管理金钱，谁就是最富有的人。

如何走出理财的误区

不要以为掌握了理财的绝招之后就可以高枕无忧，抱着双手享清福了。在现实生活中，理财的误区无处不存，我们要随时警惕可能出现的理财陷阱，制定适当的对策，才能真正做到理财高枕无忧。

现在的理财手段有很多，但由于各种原因，出现了一些理财误区，这应引起人们足够的重视。

误区1：没钱就不用理财

有些人认为理财是富人、高收入家庭的专利，要先有足够的钱才有资格谈投资理财！的确，理财是以钱赚钱，它不可能点石成金，不可能无中生有，所以要先有钱才能开始理财。然而，众人有所不知，投资理财的重点往往是看"以什么样的投资回报率"在赚钱。例如10万元的本金一年赚了5000元，与1万元的本金只赚了2000元相比，前者虽然赚的较多，但是其投资回报率只有5%，可算是个差劲的投资；而后者虽然赚的钱较少，但投资回报率高达20%，可称得上是个好投资。凭借时间，后者的本息将远远超过前者。

所以，即使现在收入不多，也请不要妄自菲薄，轻言放弃理财。富人或高收入者固然已站在理财有利的起跑点，目前收入不多的人，更应该了解理财及理财致富的途径，以优质的理财方式来弥补金钱的不足，借理财来改善一生的财务状况。

误区2：年轻人不用着急理财

时间是年轻人理财最重要的本钱，而年轻是最适当的冒险时机，因为这时候没有什么家庭负担，一人吃饱全家不饿。年轻时应勇于冒险，因为失败的成本很低，摔倒了可以再爬起来，而且年轻时资金有限，赔也赔不了多少钱，却可以学到宝贵的理财经验。更重要的是，年轻人拥有足够的时间，能让复利发挥作用。

学习理财的时机是愈早愈好。正确的理财判断力来自于经验，而经验是在不断地失败中得出来的，培养正确的理财判断力必须先经历过一些错误的判断。因此，年轻时就应该多多理财，多加历练，到了钱多时，便能发挥出理财精准的判断力。

误区3：储蓄是最安全的理财方式

储蓄是银行通过信用形式，吸收人民群众手中持有的结余资金的方式。从某种意义上讲，银行储蓄确实很安全。尤其是定期保值储蓄，即使不慎将存折丢失，他人也不可能轻易取走钱款，个人仍可凭有关证明办理挂失手续，而且，一笔存款任凭社会经济形势怎么变化，其主人都可按期得到一笔相应的收益。对大多数居民来讲，参加储蓄是一种最实际可行的保值投资行为。但是，当利息敌不过通货膨胀的增长速度时，家庭资产的价值无形之中就被通货膨胀蚕食掉，名义上我们得到了正的数字变化，实际上，我们经过漫长的等待，得到的却是实际的亏损。从这种意义上讲，把钱放到银行里存起来，仍逃脱不了贬值的厄运。尤其是近年来，利率连续7次下调，而且又开始征收利息税，"储蓄是最安全的理财方式"确实是人们应该及早走出的理财误区。

误区 4：投机是一种非法的行为

谈起投机，人们往往把它与靠运气的短浅投资行为和串通勾结、欺骗诈取等不道德行为联系在一起。实际上，这是不正确的。其实，投机并非都是非法的，所起的作用也并非都是消极的。合法、适度的投机在当代投资市场上有其不可替代的积极作用。这种作用主要表现在以下几个方面：

(1) 承担价格风险

投机者通过在市场上贱买贵卖，博取差价，承担了买卖双方转移的价格风险。

(2) 减缓市场波动

投机者常常在供大于求、市场价格低于均衡价格时买入，在供不应求、价格高于均衡价格时卖出，从而保证价格在均衡价格附近波动，起到了稳定市场的作用。

(3) 活跃市场

投机者就像润滑剂一样，为交易双方提供了更多的交易机会。投机者通过对价格进行预测，有人看涨，有人看跌，交投积极，实际上增加了买卖双方的人数，扩大了交易量，使交易双方很容易找到交易伙伴，提高了市场流动性，活跃了市场。

误区 5：贮物是最保险的理财方式

很多人都存有"贮物能保值"的想法，我们不能否定其在一定情况下具有正确性，但对此也不能做片面理解。俗话说："奇货可居。"这是指那些有独特性能，不会很快更新换代，而且易于保存的货物才可以作为保值的手段，像名人字画、珠宝、古玩、经久耐用的消费品等，存放一段时间，其自身价值不会下降，而且，其市场价格极有可能逐渐上升。有的物品存放太久，其价值会成倍上涨。有一个老工人在 1988 年的抢购风潮中一下子就买了 5 个塑料澡盆，准备给自己的五个孩子将来成家立业时使用。不料，他的两个孩子现在已住上楼房，室内洗浴设备一应俱全，根本用不着再用那么大的澡盆了。依照我国经济发展势头可以预测，将来人们的消费水平还会有更大的提高，看来，他的另外几个孩子就更用不上那些大澡盆了。前事不忘，后事之师。用存物的方式保值一定要正确分析，要认清某一物品所代表的消费需求可能发生的变化，切不可一时冲动，盲目购买，否则到头来，不仅事与愿违，而且还背上一个不大不小的包袱——甩掉可惜，背着难受。

误区6：随波逐流

李某买了一辆新车，可不久又想卖掉它。来打听价格的人很多，但他们的报价却越来越低。虽然车子没有任何变化，但李某却开始考虑以半价卖出这辆车子了。他应不应该这样做呢？

别以为这是玩笑，在你看来，谁会将新车以如此低的价格出售呢？但若把车换成100份股票就会有很多人说"卖"——越快越好。

这种现象叫"随众现象"。在炒股的人群中，有很多人都是因为随波逐流而丧失良机。

要走出这一误区的最好办法就是坚持自己的投资理财原则。

误区7：过分担心损失

如果有人给你一张免费的足球票，而那天晚上的一场暴风雨使驾车前去体育馆很危险，这时你去还是不去？假如换一种情况：同样的足球票，同样的暴风雨，但票是自己花100元钱买的，这时你去还是不去？

经济学家研究表明，如果票是自己买的，那么人们很可能愿意冒风险去看比赛。而且，人们在考虑去看比赛的收益和为之所冒的风险时，花去的100元并不重要。这是两种心理定式在起作用，即"成本陷入倾向"——认为既然花了钱，就最好不要浪费，而不管结果是什么；"损失厌恶倾向"——人们常把损失看得比收益重要2倍。

评估投资只能依据将来的损失或收益的多少，所以问题不是你过去花了1000元买股票是否遗憾，而是你现在愿不愿意持有只值500元的股票。

早领悟 早成功

理财是一种生活方式的选择。人人都能成为富人，成为富人不是命运，也不是运气和机遇，而是选择——一种富人的生活方式和思维方式的选择，一种富人的价值观的选择。要做好理财，当然要掌握各种理财的知识、信息、技能和方法，然而，比这些更重要的是先要有一个正确的理财思路和理念。

如何选择基金

选择基金应"选择适合自己的基金"，而不是"选择好的基金"。显然这样表述是有深意的：好的基金未必就是适合的基金，适合别人的好的基金未必适合自己。由于各个家庭和个人的资产状况不同，财务需求不同，理财的方式也会不同，所以对基金的选择也应该不同。只有适合自己的资产状况、满足自己的财务需求的理财方式才是好方式；同样，只有适合自己的资产状况、满足自己的财务需求的基金才是好基金。

基金是一种间接的证券投资方式。基金管理公司通过发行基金单位，集中投资者的资金，由基金托管人（即具有资格的银行）托管，由基金管理人管理和运用资金，从事股票、债券等金融工具投资，共担投资风险，分享收益。

通俗地讲，基金就是汇集众多分散投资者的资金，委托投资专家（如基金管理人），由投资管理专家按其投资策略，统一进行投资管理，为众多投资者谋利的一种投资工具。

首先，你要清楚自己是否适合投资基金。

一般而言，基金适合四类投资者购买：

（1）把证券投资作为副业，又没有时间关照的投资者。证券市场的绝大部分参与者都是这样的。证券交易的开市时间也是大家本职工作最忙的时间。购买基金可交给专业的基金公司去管理，可以坐享其成。

（2）有意进行证券投资，但缺乏证券知识的投资者。多数投资者由于证券知识的缺乏，没有能力对证券市场、对上市公司进行深入细致的研究，使得投资带有盲目性，因而不如委托专业的基金管理公司运作。

（3）风险承受能力较低的证券投资者。目前活跃在证券市场中的多数是中小投资者，他们的资金如果集中用来购买一两只股票，则风险过于集中；如果投资过于分散，则牵扯精力过多，投资成本上升，得不偿失。基金将小额资金汇聚成巨额资金，可以从容地进行组合投资，既分散了风险，又便于管理。

（4）期望获取较为长期稳定的收益、不追求暴富的投资者。不同的基金，投资风格会有所不同，但都推崇长期理性投资。追求超额的利润，就要冒加倍的风险。在证券市场中，基金代表机构投资者的主流，投资回报率不是最高的，但会比较长期与稳定。

那么如何选择适合自己的基金呢？一般来说，选择的标准不外乎以下6项：

1. 量力而行

投资者在选择投资基金时，应根据自己的实际情况，充分分析自己的风险承受能力。投资基金虽然有"专家理财"和组合投资，能有效地分散投资风险，但这只消除了有价证券的非系统风险，无法规避市场风险。因此，在选择基金时，投资者应量力而行，谨慎从事，根据自己对风险的态度和承受能力选择适合自己的投资基金。

2. 不要盲目跟风

依据过去一段时间的最佳排名来选择投资基金，盲目随众，偶尔也许能奏效，但多数时候是一着棋错，满盘皆输。因为事实上很少有表现优异的基金会一再重复优异成绩。很多表现良好的基金在第二年的表现甚至不如整个市场的平均水平。因此，基金以前的成绩只能作为参考的依据，而不能作为决策的依据。

3. 回报率

挑选基金时，必须对基金的绩效进行评估。基金的操作绩效，等于买这只基金的投资回报率。回报率分为两种，即累积回报率和平均回报率。累积回报率是指在一段时间内，基金单位净值累计成长的幅度。而平均年回报率是指基金在一段时间内的累计回报率换算为以复利计算后的每年的回报率。

平均年回报率之所以重要，是因为基金过去的平均年回报率可以当成基金未来回报率的重要参考。一只基金如果过去10年来平均年回报率是15%，则通常可以预期其未来的回报率也应当维持这个水平。有了预期回报率之后，就可以进行理财规划了。

要评价一只基金操作得好不好，回报率是一个重要衡量标准。但是，这个衡量标准不够全面，一个基金的回报率还要和其业绩基准作比较。每只基金都有一个业绩基准，这是衡量基金表现的重要依据。

一只基金的业绩除自己跟自己比较、跟业绩基准比较外，还要与同行进行比较。与同行比较的标准便是基金类别平均值，也即该基金所属基金类别的所有基金的平均回报率。很显然，如果该基金的回报率高于基金类别平均值，那它肯定就是"优秀分子"。

所以，评估一只基金的表现时，我们首先使用的是回报率标准，它有三个方面的内容：首先要看这只基金的历史表现和近期表现，其次看它是不是比业绩基准好，最后比较这只基金是不是比其他同类基金绩效优良。

4. 稳定性

随着证券市场的起伏波动，基金单位净值将不断发生变化，因而基金申购、赎回的价格也会不断涨跌。由于基金投资追求的是长期稳定的收益，所以，波动幅度小、稳定性好的基金显然值得追捧。其理由很简单：波动幅度大，可能意味着它的涨幅大，但同样意味着它的跌幅也大，风险也大。

5. 评级

评级是独立的证券咨询机构对基金进行的评价，一般用星级表示，最低一星，最高五星。虽然评级有基本一致的原则，但各个评级机构也会有不同的独特标准，因而对同一只基金也会有不同的评级，一只基金被这家机构评为一星，虽不会同时被另一家机构评为五星，但完全有可能被它评为二星甚至三星。

评级是这些评级机构的产品，所以我们要像选择商品那样选择声誉卓著、历史悠久的评级机构。

6. 规模

买规模大的基金好，还是小的好？根据海外经验与国内实际，50亿份基金单位的基金是规模适中的基金。其理由是，首先，大基金灵活性差，规模太大运作难度较大，仓位难以进行及时调整。一般来说，基金公司旗下的基金中如果有大基金，通常其调仓都是在小基金调仓之后进行，灵活性明显不如小基金；其次，大基金获取超额收益的能力较差，因为大基金往往在大盘股上进行配置，这时就可能难以获得超越大盘的收益。但是，太小的基金也不行，规模太小可能令某些个股出现过度配置，导致业绩波动性加大。

但是，这个标准并非一成不变，因为我国的股市在发展，今天的大盘股过不了多久就可能成为中盘股甚至小盘股，因此应该灵活掌握。

7. 管理费

同理，管理费是基金公司的服务所得，是基金经理的劳动所得。管理费低固然好，但是一分价钱一分货，如果管理费低是以降低服务质量为代价，那就得不偿失了。

早领悟 早成功

面对不同类型的基金，投资者如何选到适合自己的基金品种呢？对不同类型的基金选择，要考虑下面几个因素：投资的目标和预期收益率；风险态度和风险承受力；投资的期限及投资者年龄；同时注意自己的收入与资产规模、地位、知识水平等因素，有针对性地选择基金理财方案。

如何借用保险理财

保险不仅是买平安，也是一种理财之道。保险是现代家庭投资理财的一种明智选择，是家庭未来生活的保障。借用保险理财应根据自己的经济实力，选择最适合自己的保险险种及保险金额，才能获得最大的生活保障。

每个成功的个人理财计划中，都不可缺少一个合适的保险计划。无论是房子、汽车等有形资产，还是你自己的生命和健康都属于你财产的一部分。如果你已经为这一切财产购买了保险，就可以为你自己和你的家人带来保障。而且，有些保险计划还有投资和储蓄的性质，可以一举两得。

购买保险不但可以保障你已经拥有的财产，甚至还可以使你的财产增值。就个人理财而言，保险的重要性不亚于投资计划。不同的投资环境，需要投入的资金不同。因此，如果你事无大小统统购买保险的话，那么巨额的保险费会使你得不偿失。保费多少固然要进行比较，但适当的保额也是必须要考虑的。有些保险推销员并不会去考虑你的财务能力，他们希望你购买的保单越大越好，因为他们只会考虑自己的利益，顾客的利益往往会被搁置一旁。因此，不可全部听信保险推销员的话，要结合自己的经济实力，理智投保。

1. 确定自己的保险需求

理论上来说任何风险都可以投保，但太过琐碎的小事，一般人不会去投保。通常为大多数人所关注的保险主要是财产保险、汽车保险、意外伤亡保险、人寿保险、重大疾病险等。

至于哪一项应该投保，哪些不需要买保险，这就因人而异，看个人的保险需求了。

按照潜在的损失形态，个人或家庭面对的风险大致可分三类：

(1) 财产风险：财产发生损毁、灭失的风险。例如，房屋遭受火灾、地震；汽车碰撞；财产被盗窃等。

(2) 人身风险：由于人的死亡、伤残、疾病、衰老、丧失或降低劳动能力所造成的风险。

(3) 责任风险：由于个人的侵权行为造成他人财产损失或人身伤亡，依法负有赔偿责任所形成的风险。如因自身疏忽造成汽车碰撞致使他人人身伤亡等。

对于所有风险若能通过投保转嫁给保险公司，自然是最好不过了。但很少有投保人经济能力很强，从而对所有风险都予投保、面面俱到，因此每个人正确分析自己所面临的风险后就应当对其进行科学的评价，同时结合自己的投资偏好，确定保险需求，合理地分散风险。

2. 明确投保目的，选择合适险种

在准备投保之前，投保者应先明确自己的投保目的，有了明确的目的才能选择合适的险种。是财产保险还是人身保险？是人寿保险还是意外伤害保险？为了自己退休后生活有保障，就应选择个人养老保险；为了将来子女受到更好的教育，就要选择少儿保险等。总之，要避免因选错险种而造成买了保险却得不到预期保障的情况出现。

对收入有限的投保人来说，首先应选择最实用、最需要的险种投保。但哪些险种最实用呢？第一是养老、医疗保险；第二是家庭财产（包括房屋）保险。对大多数投保人来说这些险种是最基本的险种。

3. 货比三家，优选保险责任

保险险种责任范围的大小直接决定着未来出险理赔的多少，因此应该选择范围大的险种投保。通常，各个险种的责任范围都是不同的，即使是同类险种，责任也不完全相同。

投保人投保之前最好"货比三家"，向各家保险公司多要几份同类险种的条款，进行多方比较，选择"物美价廉"的投保。

4. 量力而行，确定保险金额

一般来说，财产保险金额应当与家庭财产保险价值大致相等。如果保险金额超过保险价值，合同中超额部分是无效的；如果保险金额低于保险价值，除非保险合同另有约定，保险公司将按照保险金额与保险价值的比例承担赔偿责任或只能以保险金额为限赔偿。

人身保险的保险金额一般由投保人自己确定，有的可以投保多份，投保人必须考虑自己的支付能力，不能为追求高额保险金而不考虑自己的经济能力。否则，一旦出现不能承担保险费的情况，不但保险成了泡影，已缴的保险费也将蒙受很大损失，得不偿失。

5. 保险期限长短相配

保险期限长短直接影响到保险金额的多寡、时间的分配、险种的决定，直接关系到投保人的经济利益。比如意外伤害保险、医疗保险一般是以一年为期，有些也可以选择半年期，投保人可在期满后选择续保或停止投保。人寿保险通常是多年期的，投保人可以选择适合自己的保险时间跨度、交纳保费的期限以及领取保险金的时间。

6. 选择理赔服务好的保险公司

对所有投保者来说，投保的最终目的是一旦出险即能得到及时合理的理赔服务。理赔可以说是保险公司服务的最重要环节，也是投保人据以选择一家保险公司而不是其他保险公司的主要因素。有些保险公司业务人员销售保险时服务周到、细致，但理赔时会有意无意地出难题。如果投保人遭遇这样的公司，那么不管业务人员说得多么好听，都要坚决要求退保，或是次年改投他家，不能被一时的甜言蜜语所迷惑。

7. 着重注意保险公司的经济实力以及其从业人员的素质

保险市场形成至今，保险市场竞争主体越来越多，一定要注重保险公司的经济实力和其从业人员的素质。人员素质高低决定了企业的发展前途，如果人员素质不高，特别是企业领导素质不高，再好的企业也会被搞垮。

8.慎重签订保险合同

签订保险合同是参加保险中极为关键的一步，保险合同是投保人将来索赔的重要依据，因此对投保人而言，了解一些基本的保险法则以及与合同有关的法律事宜，对于签订能够全面维护个人权益的保险合同是非常必要的。

美满的生活一定要有可靠的安全保障。任何一个出色的个人投资理财计划中，都不可能没有一个合适的保险计划。如果你已经为你的财产和人身购买了适当的保险，就会使你的安全保障系数大大提高。

早领悟 早成功

随着人们的保险意识不断增强，我们身边买保险的人也逐渐多了起来。买保险就是买来生活的保障，因而要慎重。

如何进行理性消费

在市场经济的条件下，在商品更新换代的浪潮中，行之有效的销售方法被商家们视为获利的法宝。为吸引消费者而采取的多种销售手段，成为商家竞争的有力武器。商家对于产品的宣传令我们心动，并或多或少地影响了我们对于商品的选择，影响整个社会的消费倾向。面对商家花样翻新的销售手段，我们应该使自己的消费心理逐渐成熟起来，做个理性的消费者。

消费是人类生活的必需，人类要不断地进行消费，才能生存和发展。在商品经济社会中，商品要用货币来交换，从这个角度上讲，消费就是分析怎样花钱。一般人的观点是："只要有钱，人人都会花。"但是，钱是否花得合理、恰当，是否实现了个人效用最大化，却是大有学问，它需要掌握一定的方法。

1. 不必买，可以租赁

你会买一件你可能一辈子只穿一次的婚纱吗？你会为了过一回电脑瘾而

毅然弄回一台电脑吗？在过去，你如果不想买又想用的话，可能只好向朋友借，搭人情搭面子还会担心怎么还这份人情。而现在你只要出一些钱去租，就可以解决这一问题。

张小姐眼下正忙于结婚，她和男友决定举办一个隆重喜庆的婚礼，买婚纱就成了当务之急。她跑了很多家商场，有的婚纱她不满意，有的合心意却又买不起，她看中的一件法国进口婚纱标价为28000元，一般人哪能承受得了！再说，婚纱也许一生只能穿一次，除了富豪之家，谁也不愿意为"一次"付出太高的代价。万般无奈，张小姐只得到街上的婚纱出租店挑选，她选了一件和那件法国进口婚纱差不多式样的，日租金300元。她是个很爱干净的女孩子，一想到那么多人贴身穿过这件婚纱心里就不舒服，干脆自费把这件婚纱干洗了，花了280元，她总共只用580元，就收到了与花28000元同样的效果，怎么算都挺合适的。

2. 在价格热战中保持冷静

商品的价格是引发消费者购买欲的首要因素，所以，对一些商家的价格热战，例如店前柜后的促销活动，大多包含着商家的价格策略，就拿减价销售来说吧，商店里各种各样的减价信息在醒目的招牌上向消费者频频招手，令人眼花缭乱。不少店家仿佛终年都在清仓，"清仓大减价"的条幅更新换旧，一直飘摇；"搬迁大减价"被店家当作招徕顾客的手段以至一用就是几年。还有"换季大减价"、"跳楼"等，有的是真减价，更多的却是"假戏"。面对各种各样的减价，我们心中要有杆秤，不要轻易掏腰包。

3. 要学会量力而行

消费一定要量力而行，资金方面应给自己留有更大的余地，千万不要做到刚刚够，否则你就会面临很大的压力。

吴莲是一家销售公司的部门主管，月薪8000元。工作3年后，她有了自己的一笔9万元积蓄，于是决定购买自己的住房。因为平时月薪较高，买东西也养成了大手大脚的习惯。对于买房，吴莲也就没有很好的规划，毫不犹豫地就在自己单位附近买下一套精装修的房子，总价格70多万元。

交完首付10%，吴莲贷款60多万元，合同15年，月供5000元以上。

刚住进自己的新房，吴莲感觉非常幸福，毕竟终于拥有了完全属于自己的住房。所有的一切都让吴莲心情愉悦。可是随着每个月的还贷，好日子似乎离她越来越远了，交完月供，只有不足 3000 元在自己手里支配，这对于以前大手大脚花钱的她来说，日子一下子就变了个样。每个月水、电、煤气、物业、电话、电视、饮食、出行等基本费用就花去 1500 多元，剩下的还要预备着突然事件，这就让吴莲过上了每个月下旬就要惦记下个月工资的日子。不敢旅游，不敢经常出去消费，时装品牌不敢再计较，心情越来越不好。

一年后，吴莲终于打定主意，不再过这种"负婆"生活，她要学会享受生活，不能让自己的花样年华都被这套房子压得失去了颜色。

吴莲在可以跨行转按揭的银行卖掉了房子，没赔也没赚。拿着手里的 15 万，吴莲这次仔细分析，终于买到了 4000 多元／平方米的房子，虽然离单位稍远一点，但交通比较方便，物业费也便宜，月供降到了 2000 多元，吴莲终于松了一口气。

故事中的吴莲贷款消费本来是为了提前享受各种物质生活的，但因为没有量力而为，把它弄成了自己的一个沉重的负担，影响生活质量，就有所不值了。

4. 把钱花在刀刃上

据有关抽样调查结果表明，大约有 13% 的人在潜意识里有一种控制不住的购物欲，不知道要买一些什么东西，要达到什么用途，但被花钱的瞬间快感所左右，经常花了一些不该花的钱，买了一些根本不需要或用处不大的东西。对于这种不良的消费心态要尽量加以克服，学会把钱花在刀刃上。

5. 按压住自己攀比的心

人家有的我也要有，人家能花的我也能花，不管有没有必要总不能比人家矮一截。许多人收入不高，仅仅能解决温饱问题，但在消费上却喜欢跟别人较劲，忽视了自己的经济实力，到了最后往往是拮据度日。摆脱这种不良状态的主要方法是摆正自己的消费心态，对自己的当前现状，包括收入、支出状况等有一个清晰的认识，一旦攀比的念头又冒出来时，要理性地把它强按下去，几次下来，攀比心理就会轻松地被克服掉。

早领悟　早成功

我们在提倡理性消费的同时，要注意克服"赌气消费"的心理。人在心境不佳时，往往出现一些不明智甚至是怪异的举动，以此发泄心中的烦恼、郁闷和不满，寻求心理的平衡。赌气消费，在很多人看来，是信手拈来、随处可用、最能见效的方式。赌气消费念头无处不在，通常所见的借酒浇愁、抽闷烟、胡乱买一些不需要的东西，将家里常用的东西打坏后再买，等等。至于赌气消费的念头，几乎人人都拥有过。殊不知，这是一种极其不理性的消费方式，往往会让你在不知不觉中花去许多冤枉钱。

第五章

走出社交的围墙

让你受欢迎的 6 大法则

> 做人一定要做受人欢迎之人。一个人要在芸芸众生中活得幸福，首先就得受人欢迎，被人接受，否则幸福便无从谈起，这个道理似乎谁都懂得，但做起来就不那么容易了。

做人，人人都想做被人喜欢、受人欢迎的人。原因何在？用一句比较通俗的话说就是："这样的人比较吃得开。"

那么，怎样才能做一个受人欢迎的人呢？专家建议，你首先应遵守如下法则：

法则 1：记住别人的名字

人们大都极重视自己的名字，因而竭力设法使之延续，即使做出牺牲也在所不惜。

如果你能把对方的名字刻在心上，能在第二次见面时，突然叫出他的名字，这将是一件了不起的事，不仅会给别人留下好印象，还能将自己卓越的记忆智能展现出来，为以后的自我推销打下良好基础。

法则 2：得饶人处且饶人

曹操的曾祖父曹节的仁厚在乡里广为流传。一次，邻居家的猪跑丢了，碰巧曹节家的猪与邻居家跑丢的那头猪长得几乎一样。邻居找到曹家，说曹节养的猪原本是他家的。曹节没有与邻居争吵一句，就把猪交给了邻居。后来，邻居家的猪找到了，才知道搞错了，连忙将猪给曹节送了回去，并连连道歉，曹节宽厚地笑了笑，并没有责备邻居。

曹节这种做人的方式看起来似乎有点愚，对他人的坏毛病也照单全收，宽容忍让了事，在一些人眼里他们似乎显得有些窝囊懦弱。而事实上，这才真正说明了他的为人宽容厚道，只有这样的人才能让人尊重，从而广受欢迎。

法则 3：小事儿不要太计较

上下班高峰期的时候，公交车一向都很拥挤。王玲费了九牛二虎之力，终于挤上了车。但挤车时一不小心，踩到旁边的高个儿大婶一脚。高个儿大婶的大嗓门叫开了："踩什么踩，你瞎了眼了？"王玲本还想道歉来着，但一听这话面子上挂不住了，喊道："就踩你了，怎么着？"

于是，双方互相谩骂，恶语相加。随着火气的升级，两人竟然动起了手，高个儿大婶先给了王玲一下，王玲也立即以牙还牙，两手都上去了，在高个儿大婶脸上乱抓一通。

王玲的指甲长抓破了高个儿大婶的脸，而她自己却没怎么受伤，想到这里，王玲不禁得意起来。

终于回到了家，一进家门王玲便向妈妈倒起了苦水。不过她认为自己没吃亏，反倒把那恶妇抓破了脸，所以，讲到这里时一脸的灿烂，这时妈妈看了她一眼，惊奇地问道："你右耳朵上的那个金耳坠呢？"王玲一摸耳朵，耳坠早已不见了。

我们总是习惯性地认为，以牙还牙就是让自己不吃亏的最大原则，如果别人占了自己一分便宜，自己就要想尽办法占三分回来，否则便是吃了大亏，但事实真的就像我们想象得那么单纯吗？其实不然，因为当你得意扬扬地以为自己什么亏都没吃进时，实际上可能反而是吃了天大的亏。

法则 4：说话时尽量常用"我们"

有位心理专家曾做过一项有趣的实验。他让同一个人分别扮演专制型和民主型两个不同角色的领导者，尔后调查人们对这两类领导者的观感。结果发现，采用民主型方式的领导者受欢迎。研究结果又指出，这类领导者当中使用"我们"这个名词的次数也最多，而专制型方式的领导者，是使用"我"字频率最高的人，也是不受欢迎的人。

亨利·福特二世描述令人厌烦的行为时说："一个满嘴'我'的人，一个独占'我'字、随时随地说'我'的人，是一个不受欢迎的人。"

在人际交往中，"我"字讲得太多并过分强调，会给人突出自我、标榜自我的坏印象，这会在对方与你之间筑起一道防线，形成障碍，影响别人对你的认同。

法则5：不要强迫别人接受你的意见

很多人都是一副"天下第一聪明人"的样子，自己什么都是对的，别人都得听你的。其实有时候，我们很难用简单的是非对错来衡量某一件事情。看问题的角度不一样，结果也就不一样。有人总是试图把自己的观点强加到别人身上，强迫别人接受自己的意见，结果却往往引起他人的不满。

所以，在与别人交往的过程中，我们一定要顾及对方的感受，以宽容为怀，即使他人的观点真的不正确，应该坚持与对方共同探讨下去，而不是自以为是地强迫别人接受你的意见。

法则6：要有一颗容忍之心

有句话说得好："心字头上一把刀，一事当前忍为高。"忍作为一种处世的学问，对于任何人来说都是不可缺少的，因为生活中我们会同形形色色的人打交道，也并不是所有的人在所有的时候都谦恭讲理。所以，在面临一件棘手的事情时，我们要有一颗容忍之心，才能不致将事情搞得更糟。

早领悟 早成功

要使自己成为一个受欢迎的人，正确的办法就是培养自己喜欢的特质，即你之所以是你自己的特殊的东西。这些特质对你而言是相当珍贵的，如果你真的希望某个人做你的朋友的话，他就应当喜欢你的这些特质。千万不要为了给别人留下某种印象而去迎合别人，那样的话你不但会失去成功的机会，还会失去你想要的一切。

获得他人信任的9项法则

> 无论在生活中还是工作中，我们都希望做一个他人信任的人，"君子一言，驷马难追"，就是说做人要讲信誉，要值得信赖。只有这样，别人才会佩服你、赞赏你，你的人生之路才会越走越宽。

与人交往，能够获得对方的信任至关重要，它是我们拓展良好人际关系的第一步。那么，怎样才能取得别人的信赖呢？如下法则将会给你带来意想不到的体悟。

法则1：自爱自重是取得他人信任的基础

人高贵在于自重，人卑贱在于自轻。一个人若能自重，才会赢得他人的尊重和信任。一个尊重自己的人，别人也会看重他，信赖他。一个作践自己的人，别人也会看轻他，更谈不上信赖了。一个人连自己都不能珍重，却希望别人来尊重自己，这是不可能的。一个总是作践自己的人，并且又埋怨别人轻视自己，这只会是自作自受。不自重最严重的一种表现是贪婪，一个人心里贪婪则必然缺少做人的骨气，谁会看重一个贪得无厌的人呢？廉洁的人，因为懂得自爱、自重，虽然生活清贫，但却能完全获得别人的尊敬和信赖。

法则2：严守别人的秘密

"我告诉你某某的秘密，但你千万别告诉别人。"生活中我们经常听到这种愚蠢的声音。总喜欢图嘴巴一时之快，到处宣扬别人秘密的人，结果是既惹恼了别人，又败坏了自己的名誉。不能严守秘密的人谈不上诚信，也谈不上事业的成功。别人出于信任，把其心中的秘密和盘托出，自己就应珍惜这种信任。

法则3：用"五德"律己

孔子以"温"（温和）、"良"（善良）、"恭"（恭谨）、"俭"（节俭）、"让"（谦逊）五德作为与人交往的道德标准。这个标准在现代社会仍然适用。在如今愈来愈重视诚信的时代，做人更要讲究宽厚、诚实、仁慈和庄重，更应真诚可信。对自己严格要求，对别人宽宏大量、容人小过，这样的人生之路就会越走越宽。

法则4：复述一下对方说的话

　　不论是打电话还是当面交谈，认真倾听至关重要。如果你不仅仅是随声附和，而是适时把对方说的内容归纳一下复述出来，交流的效果会更明显。这样既可以避免双方交流中出现理解上的差异，又能使对方加深对你的印象，增强其信赖心理。

　　法则5：不要做不懂装懂的人

　　在众人面前，我们要有低调的心态，要有谦虚的语气，要有踏实的作风，还要有诚实的品行，而不是无知地去显示和卖弄自己。对于确实不知道的东西，我们就要谦虚地、脸带微笑地表示不知道；对于只知一二的东西，最好的办法是沉默并倾听、学习。如果什么都说知道，那么结果往往是什么都不知道而且很容易失去别人对你的信赖。

　　法则6：猜疑之心不可有

　　无端的猜疑会使家庭失去往日的欢笑与和睦，会使好友之间失去彼此的友爱与信任，会使合作者不再团结而内耗不止。猜疑之心犹如蝙蝠，它总是在黑暗中起飞。面对无端的猜疑，要学会豁达、大度。需要澄清的，就找当事人当面诚恳地谈一谈；一些小事情，就一笑了之不将其放在心上。身正不怕影子歪，心中无鬼，不怕半夜叫门。何必主动"对号入座"，整天疑神疑鬼，心神不定呢？

　　法则7：不要做"语言的巨人，行动的矮子"

　　爱说大话的人总是一事无成，越是豪言满怀，越是无法获得别人的信赖。肯踏踏实实做小事的人，才能做成大事。从小事开始，以大事结束，从大处着想，从小处做起，这是成功的必要步骤。一个不会做小事的人，也绝对做不出大事来。喜欢说大话而不行动的人，总是自己把别人对自己的信任一点点给破坏了，更别说能取得什么大成就了。

　　法则8：给别人留下良好的第一印象

　　当你和别人第一次见面时，对方的言谈、举止、容貌、表情、服饰等都会在你的脑海里留下深刻的印象，一个微笑，一个手势都会给你发出其是否值得信任的信号。那么反过来看，你此时此刻的行为表现，在对方的脑海里又会留下怎样的印象呢？它也将同样影响对方对你的信赖心理。

　　法则9：不要轻易许下你的诺言

　　无论在生活中还是在工作中，都不要轻易允诺，对于办不到的事情的允诺不但提高不了你的影响力，反而会失去他人对你的信任，影响彼此间的关系。待到自己想求人办事时，或许遇到的就是一张冷面孔了。

王羽是一个凡事爱炫耀的人，经常向人夸耀自己在市房管部门有熟人，能够办房产证，而且花钱少，办事快。开始人们信以为真，有些急于办理房产证的人便交钱相托。但很长时间过去了，一直不见回音，问到王羽，王羽总是以熟人忙来推脱。可时间拖得长了，大家都对王羽的话产生怀疑，便向他要钱，他却说："谋事在人，成事在天。这你都不懂？你的事情虽然没有办成，可我还是该跑的跑了，该请的请了，你总不能让我替你掏腰包吧？"言下之意就是要钱没有。从此以后，大家好像都"变了个人"似的，见到王羽连搭理都不再搭理了。

王羽处处炫耀，不但没有能够办成实事而且还将人家的钱财耗光，人家当然心里不痛快了。更重要的是，事情没有办成。以后大家对王羽再也不相信了，又何谈与之建立良好的关系呢？

在现实生活中，如果你真的是无能为力，就不要为了"充胖子"而轻易许下你的诺言。答应别人的事情久拖不办，或者办得总是不完整，久而久之，就再也不会有人请你办事了，而你的人缘也会变得很差。

早领悟 早成功

许多人都懂得作用力与反作用力的理论，这个理论指出，当你向一个物体作用多大力量时，这个物体将反作用给你一个完全相等的力，这一原则同样可以从物理学上应用到人际交往中。事实上就是这样，当你对别人的信赖和尊重多一分时，别人对你的信赖和尊重也在增长。

拓展人脉的 7 大策略

正所谓"得人脉者得天下"。拥有人脉的高手可以左右逢源，对于他们而言，没有办不了的事，也没有谈不成的生意。而一旦人们没有了宝贵的人脉，则必定如履薄冰，寸步难行。在日常生活中，为了办事顺利，广聚财源，你是不是也要积极地去拓展人脉呢？

有人说："30岁以前靠专业赚钱，30岁以后拿人脉赚钱。"可见人脉在一个人事业发展中的重要性。

在一家研究机构开展的关于"哪类因素对职业生涯影响最大"的一项调查中，"个人能力"被大家公认为第一要素；有1/3的受访者认为机遇起着决定性的作用；人脉的因素被排在了第三位，有1/5的受访者感受到了人脉的重要性。其实这三个因素并不矛盾，往往具有累积加倍的功效。如果你有能力，而且在能力之外还有良好的人脉，那么结果往往是一分耕耘，数倍的收获。

建立和拓展广泛的人脉关系，不是魔术般地一蹴而就的，而是需要多年的时间和精力投入，需要运用一系列的技巧与方法，也就是策略。

策略1：找到你的关系源

为了拓展自己的人脉，你应当将你所有的关系都列出来。

抽出一个小时的时间想想你认识并有业务联系的每个人，设计一个能使你最有效地利用这些关系的计划。

确定一下你想在哪个领域多学些知识和经验，然后想一想，谁能向你提供你所想要的东西？尽量列出潜在的可以利用资源，不要有疏忽或遗漏。

另外，你还要不断地与你的小圈子里的人交流，询问他们是否认识某一领域的人。他们的帮助往往又会使你得到更多的名字，这样延伸下去，你或许就会得到你想要找的人脉。

策略2：培养良好的品格

富兰克林说过："品格，是人生的桂冠和荣耀。它是一个人最高贵的资产，它构成了人的地位和身份本身，它是一个人在信誉方面的全部财产。它比财富更具威力，它使所有的荣誉都毫无偏见地得到保障。一个人的品格，比其他任何东西都更显著地影响别人对他的信任的尊敬。"

因此，要想使自己成为一个真正对别人具有吸引力的人，必须摆脱"投机"心理，克服"耍小聪明"和"算计"的毛病，培养自己良好的品格。

策略3：办事有尺度，说话讲分寸

《中说·魏相篇》有言："不责人所不及，不强人所不能，不苦人所不好。"办事有尺度，说话讲分寸，才能使人脉得以顺利地拓展。

具体来说，要把握好以下几个方面的尺度：

第一，不要强人所难。为人要自爱，能不麻烦别人就应当尽量不麻烦别人。如果大事小情都要假手于人，那么别人就会对你敬而远之，退避三舍，你就难以再继续和人交往了。

第二，非万不得已，在一件事情上不要同时请几个人帮忙。尤其是在当有人已经肯定答复给你办的情况下，你再这么做，就是表示对人家不信任。

第三，求人帮忙不要反悔。确实需要别人帮忙的事，要事先讲清楚要求。否则别人就会感到为难，那么谁还会愿意再帮你呢？

策略4：巧妙地让人欠自己一份人情债

感恩图报，是一般人都有的普遍性心理。假如你能巧妙地让别人欠你一份人情债，日后十有八九都会得到对方的报答。你可以无意识地这样做，也可以有意识地这样做。但不管怎样，你都不必刻意等待报答结果的到来。

当然，有时候这需要你的付出。更多情况下，你可能只是送一个顺水人情，根本不需要自我牺牲。

策略5：善于发现别人的优点和价值

战国时期，齐国的孟尝君素以门客众多出名，号称有"门客三千"，而且其中什么样的人都有。

孟尝君出使秦国时，遭人谗言陷害，秦昭王将他囚禁起来并想杀了他。危急之时，有门客向孟尝君建议，可以向昭王的一位宠妃求救。

不料，那个宠妃告诉孟尝君说，她想要孟尝君已经献给昭王的一件白狐裘。这一下可难倒了孟尝君。正在他无计可施之时，有一位曾是偷盗之徒的门客说，可以帮助孟尝君弄到白狐裘。于是，他施展绝技，很快将白狐裘盗了出来，献给那个宠妃。宠妃便暗中派人打开城门，放孟尝君等人逃走。

走到函谷关时，正是夜半时分，城门须到鸡叫时方可开门。但时间紧迫，等到那时秦昭王可能已经发现孟尝君逃走并将派兵来追。孟尝君心急如焚，害怕追兵到来，但又没有办法叫开城门。

此时，又有一位门客挺身而出，他说自己善于学鸡叫，可以给守关士兵造成错觉，使他们打开城门。果然，这个人学了几声鸡叫后，函谷关的守门士兵误以为天将近晓，便把城门打开了。

结果，孟尝君顺利地逃出了函谷关，回到齐国。

孟尝君能够逃出牢笼，大难不死，靠的并不是什么谋士大将，而是所谓的"鸡鸣狗盗"之徒。

从这个故事中，我们可以明白这样一个道理：无论什么样的人，都有其价值和优点。因此，我们应该广泛与各种各样的人交往，并充分发现和发挥每个人的特殊价值，使不同的人际关系都能给自己带来好处。

策略6：来点儿感情投资

现代人生活忙忙碌碌，没有时间进行过多的应酬，日子一长，许多原本牢靠的关系就会变得松懈，朋友之间逐渐淡漠，这是很可惜的事。

"问世间情为何物，直叫人生死相许"，任何一个普通人都难逃脱一个"情"字。尽管当今社会流行"认钱不认人"，但是"人情生意"却从未间断过。人们既然能够为情而死，那么为情而做生意又有什么不可呢？ 所以，拓展人脉也需要感情投资。

策略7：放长线钓大鱼

战国末期，秦国的公子异人被派到赵国做人质。当时吕不韦正在赵国经商，他是一个十分精明的生意人，独具慧眼地发现异人是"奇货可居"。

于是，吕不韦花费心思去有意结识异人，很快便成为异人的心腹至交。

不久，吕不韦又多方疏通关系，帮助异人脱离赵国，回到了秦国。在吕不韦的帮助下，异人争到了继承王位的机会，一下子当上了秦王。

自此，吕不韦因深得异人的信任，也开始飞黄腾达，做了秦国的宰相。他是一人之下，万人之上，可谓权倾一时，对秦国后来统一天下做出了贡献。

吕不韦的成功，是由一点一滴的努力积累起来的。他有眼光，更有耐心深谙"放长线"才能"钓大鱼"之理。这与那些渴求急功近利的人相比，确实是大不相同的。也正是因为这一点，他得到的回报也是别人所无法比拟的。

从这个故事中我们懂得：在拓展人脉时，不要仅把眼光盯在那些正在走红的热门人物的身上，还要善于选择，用发展的眼光来看待交往的对象。如果一味地"趋热灶，避冷灶"，那就会落入俗套，反而难以成功。

早领悟 早成功

你的人脉质量影响着你的事业、生活的方方面面。你在事业上的成就和个人生活的质量也都取决于你与他人交往的方式，取决于你能否轻松地建立并维持友好、诚挚和长久和谐的人际关系。你的人际关系越和谐，你的工作成果和个人成就也会越突出，你的事业、生活中的乐趣也就越多。

求人办事的7个绝招

在这个竞争激烈的社会中，求人办事，借助他人的力量来达到自己的目的，是一种基本的生存法则。如果一个人不懂得或不善于借用他人的力量，仅靠自己的力量单枪匹马去闯天下，那么他就很难成就大事。

俗话说："一个篱笆三个桩，一个好汉三个帮。"风筝高飞，要借助风势；卫星升空，要靠火箭助推。一个人在事业上要想获得成功，除了靠自己的努力奋斗之外，有时还需要借助他人的力量，只有这样才更容易获得事业上的成功。

求人办事毕竟是件难事。但如果掌握了技巧，难事也就变得容易了。下面我们来看看下面求人办事的7个绝招。

1. 缩短与他人的心理距离

在百货商店买衣服时，女店员总是会说："我替你量一下尺寸吧！"其实，这个时候大家都已经"上当了"！

这是因为对方要替你量尺寸，她的身体势必会接近过来，有时还接近到只有情侣之间才可能的极近距离，使得被接近者的心中涌起一种不可抵挡的亲切感，接下来也就不好再作推却了。

因此，如果你想求人办事，就可以适时制造出自然接近对方身体的机会，及早造成"亲密关系"，缩短与他人的心理距离，这样的话，事情就可能很快成功。

2. 借别人的口说自己的事

借他人之口，传达自己所想要做的事情或企图，从而达到求人办事的目的，这也不失为一种好方法。

很多朋友都会遇到一种苦恼：要钱时没钱，要关系时没关系，此时去求人办事就不知从哪开口。如果你能在日常生活中多一个心眼，多一份心思，去留心那些能帮助你的人，他们在很多时候也会帮助你。

比如，某人为了推销自己的产品，他知道某公司的经理与某局长是老相识，便打听到经理的住处，提一袋水果前往拜访，彼此寒暄后，他说出了几句这样的话：

"这次我能找到你的门，是得到了王局长的介绍，他还请我替他向您问好……"

"说实在的，第一次见面就使我十分高兴……听王局长说，你们的公司还没有购买……"

第二天，他的生意就做成了。此人高明之处就是有意撇开自己，用"得到了王局长的介绍"这种借人口中言，传我心腹事，借他人之力的迂回法，令对方很快就接受了。

3．帮助他人摆脱烦恼

求人办事，必须要让对方对你有一种信任感，帮忙对方解决各种烦恼是让他人对你产生信任的一种重要途径。

人们坦白道出心中的烦恼，如果知道能被对方理解的话，心中的烦恼便会减少很多甚至一扫而空。因为如果对方倾听我们所讲的话，会感觉对方站在与自己同样的立场上，因而产生了解脱的心理，也就容易接受对方的意见和建议了。

观赏电视上的"烦恼访谈节目"可以发现，几乎百分之百的访谈者都把"如果是我的话"挂在嘴上。比如一口气听完因离婚问题而苦恼的求助者的现状后，访谈者会说"如果我是你的话，会再忍耐一段时间"，求助者之所以毫无理由地服从了这句话，无非是因为听到"如果我是你"之后，产生了"这个人完全站在我的立场为我设想"的错觉罢了。

一旦陷入这种心理陷阱，对于后面的建议，即使对自己不利，也会认为是为了自己好而洗耳恭听。

4．善用赞美好办事

人们常说赞美是世界上最动听的语言。在求人办事时，学会赞美别人也是求人办事的一项实用技巧。赞美是同批评、反对、厌恶等相对立的一种积极的处世态度和行为。赞美是一种堂堂正正、正大光明的处世艺术。

生活中有很大一部分人，都喜欢听到别人赞扬自己，无论是地位卑微、一贫如洗的人还是身世显赫、腰缠万贯的人，无论是年幼还是年长，无一例外。聪明人会抓住人们的这一心理，在适当的时候，满足人们希望被他称赞的这个愿望，以获得他人的好感，从而办成事情。

5. 注重对方的感受

有这样一个故事：

一位少女进一家鞋店买鞋。鞋店的一位男店员态度极好，不厌其烦地替她找合适的尺码，但都找不到。最后他说："看来我找不到适合你的，你一只脚比另一只脚大。"

那位少女很生气，站起来要走。鞋店经理听到两人的对话，叫少女留步。男店员看着经理劝那位少女再坐下来，没过多久一双鞋就卖出去了。

少女走后，店员问经理："你究竟用什么办法做成这生意的？刚才我说的话跟你的意思一样，可她很生气。"

经理解释说："不一样啊，我对她说她一只脚比另一只脚小。"

经理也把真相告诉那位少女，但他考虑到她的感受，而且跟她说话时讲究技巧，又带着尊重。他从那位少女的角度看问题，所以成功了。以尊重的态度为别人考虑，这种本领是十分有用的。正如小说家约瑟夫·康拉德说的："给我合适的字眼，合适的口气，我可以把地球推动。"

只有考虑到别人的感受，照顾到别人的情绪，在请人办事时才有可能被人接受，不至于一口回绝。

6. 循序渐进巧求人

对于拔苗助长这个故事，想必大家都很熟悉，它告诉我们：事物的发展都要遵循一定的客观规律，都有一个循序渐进的发展过程，违背事物的发展规律办事，必将会受到惩罚。事实上，生活中的很多事情也需要一个循序渐进的过程。这就好比建造一座大楼，即使你采用最先进的技术，调集全国所有的工程人员，也不可能在一天之内全部完工。这不仅仅是因为人的办事能力问题，更重要的在于事情的发展受制于客观规律。求人办事也是一样的道理，你不可能要求别人一下子就能帮你完成所有的事情，你必须遵循一定的办事规律。

虽然有些事情在客观上并不需要太多的时间，但是你既然是求别人办事，就必须给他们一个心理上的适应期，如果你催促得太急反而容易遭到拒绝。可见，求人办事的时候，应由小到大，由浅入深，由轻到重，这样才容易办成事。

早领悟 早成功

社会复杂多变，人心叵测，为人处世、求人办事也一样会碰到各种"刺儿"，这个时候便不能一条道跑到黑，而应该想办法兜个圈子，绕个弯子，避开钉子。这是做人应该具备的策略和手段。连没有长出羽毛的鸟都会"把鱼倒过来吃"，聪明人不会赤膊上阵，硬碰钉子，让刺卡在喉咙中。

第六章

合理掌控你的时间

如何提高你的时商

时间是成功者进步的阶梯，是成功者的资本，但时间并非一成不变，它是有密度、有年龄的。明天的时间比今天衰老。衰老的时间没有气势，就好像旭日东升，朝气蓬勃，而日落西山的太阳，就完全没有那种气势。所以，如果你要想成就成功的人生，就必须提高你的时间管理效率，成为一名时商高手，合理而高效地把握你现在和将来的时间。

为什么我们总是在抱怨时间不够用，是不是事情真的很多？可能是这样吧。但是，为什么有的人能够做成很多事情，并且还能有"闲庭信步"的机会？也许这个问题的关键就在于我们是否懂得管理自己的时间。其实，"忙"也是一种心态，一种会变成不良习惯的心态，它因缺乏时间管理能力而形成，这个能力就是时商，只有提高你的时商，即提高时间管理能力，你才会突然发现，原来我们要完成一定量的事情并不需要搭进一大堆时间，只是因为我们不会使用时间才觉得忙，甚至忙得一塌糊涂。

其实，许多杰出人士之所以能取得巨大成就，主要就在于他们都具有很高的时商，能够合理高效地驾驭自己的时间。下面就让我们来看看法国作家巴尔扎克的作息表：

8：00～17：00　除早午餐外，校对修改作品清样。

17：00～20：00　晚餐之后外出办理出版事务，或走访一位贵夫人，或进古玩店过把瘾——寻求一件珍贵的摆设或一幅古画。

20：00　就寝。

0：00～8：00　写作，夜半准时起床，一直写到天亮。

这位每天只睡4小时的文学巨匠，摒弃了巴黎的喧嚣与繁华，一个人静夜独坐，手握鹅毛笔管，蘸着心血和灵感，写出了96部小说，演绎了一部《人间喜剧》。勤奋惜时的巴尔扎克只活了51岁，他的作品却流芳百世。

那些伟大的人，有进取心、有紧迫感的人，无不把时间抓得紧紧的，一时一刻也不懈怠。而当一个人感受到生活中有一种力量驱使他翱翔时，他是绝不会步行的。那么有没有办法训练管理时间的能力，也就是如何提高我们的时商，让我们成为一名时商高手呢？当然有办法，如以下几点：

1. 端正你对时间的看法

(1) 要认识到光阴一去不复返，时间是有限的，也是有价值的，并且将这一点时刻铭记于心。

(2) 要认识到学会节省时间得花时间。要先试着学会制订时间表，并按时间表做事，花一段时间形成习惯，你就能享受到按计划行事带给你的好处。

(3) 时间效益出自科学的管理。时间管理是一种决定生活中什么东西和事情重要的能力。许多学习效率高的人会花一些时间来考虑如何度过一天或一个星期，考虑一些事情是否该做，哪些事情先做，哪些事情后做，那是因为他们知道，这样能提高自己的学习效率。

2. 别做时间的奴隶，要做时间的主人

如果你想要有效地利用时间，首先就要有效地掌控时间；而要有效地掌控时间，就要处于主人翁的地位。掌控时间就像人掌控自己的肢体一样，能了如指掌、控制自如，而且对时间的分配有绝对的主动权。

3. 反省自己支配时间的方式，找出不合理之处

一般造成时间不够用的原因有：做了不想做的事；做了做不了的事（比如花太多的时间去做刁钻的题）；做事拖拉，常常拖到最后一分钟才动手（结

果事情越积越多）；制定的目标不切实际（结果因不能实现而导致心烦意乱）；从来不制订学习、工作计划；不习惯花时间去权衡哪些事情需要优先处理；经常很勉强地答应一些你本来想拒绝的事情，或者不能抵制一些无端打扰；工作学习与生活场所凌乱不堪，很少整理；几乎把所有的时间都用于学习、工作，极少有时间与家人或同事交流，不能得到来自他人的经验指导，等等。

看看自己有没有上述的不良习惯？如果有，你就要下决心摒弃它们。

早领悟 早成功

时间的本身无穷无尽，但对我们每一个人来说，它却是有限的，甚至是短暂的，那就是生命，怎样赋予你有限的生命以无限的价值？怎样让你的生命充满活力？你的时商决定着这一切。无论是情商、智商、还是财商、健商，只有合理利用时间这张磁卡，点击你生命的时商，才能将你的人生经营的更加辉煌。

如何制订时间计划

养成事先制订时间计划的习惯，是所有成功人士共有的特点。在企业界有句名言："在计划上多花1分钟，在执行上可以节省10分钟。"这句话同样适用于个人的时间管理上，因为预先准备好计划，加上养成按计划执行的纪律，通常可以在最短的时间内达到目标。因此，可以说计划是时间管理最重要的工具。

说到时间计划，伊索寓言里《蚂蚁和蝉》的故事，可以说是个深入浅出地善于安排时间和利用时间的好例子。冬天，蚂蚁翻晒受潮的粮食，一只饥饿的蝉向他乞讨。蚂蚁对蝉说："你为什么不在夏天储存点儿食物呢？"蝉回答说："那时我正在唱悦耳的歌曲，没有功夫。"蚂蚁笑着说："如果你夏天吹箫，冬天就去跳舞吧！"

从寓言中，我们能体会出利用时间的态度不同，人生的境遇自然也就不一样。因此，作为身处百忙之中的你，为了赢得更多的时间，就必须抽出一定的时间来做计划。

有一位作家写道："计划就是挑选时间、规定节律，使一切都各得其所，计划的复杂性在于如何安排一天的时间。用去的时间应该同从事的工作相称。也就是说，占用的时间既不能太少，也不能太多。"

苏联昆虫学家柳比歇夫就是一个善于制订时间计划的人。他在一生中发表了70来部学术著作，写了12500张打字稿的论文，内容涉及昆虫学、科学史、农业遗传学、植物保护、进化论、哲学等许多领域。但他每天仍有10小时的睡眠时间，还经常参加体育锻炼和娱乐活动以及各种社会活动。表面来看，他并不吝惜时间，其实他是一个极端"吝啬"时间的人。他从26岁开始，对自己实行了"时间统计法"，把每分钟、每小时自己干了些什么，时间用得是否恰当，都进行统计记载，像吝啬的小商人核算金钱一样核算自己的时间，一直到82岁高龄，56年如一日，从来没有间断过。他日有小结，月有大结，年有总结，每项工作都要计算统计一下时间"成本"。正是由于制订了严格的时间计划并认真实施，才使得柳比歇夫在科研中实现了高效率，取得了成果。

根据一些成功人士的体会，制订时间计划应做到以下几点：

（1）用目标串起时间的项链。时间是一项长期的工程，是一条由各个大小和质量不同的小珍珠串起来的项链，那么你实现目标过程中所花费的每一分每一秒，就是这条项链上的一颗珍珠。把你的珍珠串起来，制订出你为之努力奋斗的目标：

①先制订通往长远目标的短期计划。这样的目标往往比一个长远的目标更为实用和有效，你的时间也可以得到更细致的利用。

②再制订你目前还无法达到的目标，但不要超出你的能力太远。以自然增加的方式逐步接近你的目标，这是极其重要的。

先制订比较低的、很容易完成的目标，一旦你偏离了目标也能很快修正过来不至于浪费太多的时间。在一步步完成一些小目标时，你的时间也便得到了充分的利用。

③在你的周围安排一些对自己目标有兴趣的人，让他们监督你按时完成一个个小目标，不致在时间安排上走弯路。

（2）不要把日程表塞得太满。不要把日程表填得满满的，让它帮助你安排一天的工作，没有遗漏，但须保证每件事都能完成。

对你想做的事情和时间的估计都要现实一点。做一份真实的计划，而不是幻想。否则，你一整天都在不停地推迟、不停地追，非常害怕，直到筋疲力尽为止。

（3）务必分清可能要做的事与必须要做的事。这一点更多地和你制订计划时的整体观念有关，而和具体的事情关系不大。应该知道你是在写某一天想做、要做的事，而不是规划整个世界的蓝图，你的计划也不可能像自然规律那样作用广泛。

（4）一定要列出明天最重要的6件事。每晚写上6件明天最重要的事情。就是这么容易，简单得令人难以相信！抓起手边的任何白纸，告诉自己：“我要开始了，明天最重要的事：第一……第二……”这种方法立竿见影。

（5）中止松散的自我状态。你的成就和你的需要成正比。要获得成就得多做，就得积极行动起来。很多人有松散的自我状态，他们常受情绪影响而不制订计划。凡事按难易排列，听起来好像是自我管束，所以他们每天漫无目的地工作，不知道从何开始，不久就发现毫无效率，日子倏然即逝，却一事无成，成功的影子消失无踪。因为你未来的形象，完全取决于你的自我状态。

（6）务必给自己留出休息的时间。如果不把“休息”列为时间计划上的一项，你就不会休息。所以你非得把它写上，而且不要写在最后。在适当的时候安排休息，不要等到过度紧张、筋疲力尽时才休息。适时地稍稍放松会让你保持稳健、高效的工作状态。

（7）时间计划要灵活多变。一张灵活的日程表才是有用的。你能在上面修改，也可以不按照它做，还可以折个角。

它的格式也要灵活，适合你的需要。如果喜欢表格式的，每5分钟的安排都在一个格子里，那么就用这个。如果更喜欢用蜡笔在草稿纸上做标记，那么就随便写吧。

（8）随时准备放弃。作家兼教师阿伦·汉内卡特告诉她的学生：“如果你只写已经安排好的故事，那你就错过了真正的故事了。”

你的生活也是一样。你每天、每周、每月，甚至一生做过的最重要的事，可能从来就没有在日程表上出现过。不要把日程表排得太过严密，那样你就不会发现其他的可能性——比如偶然的相遇或突然的灵感等。

美国作家艾伦·拉肯说："计划就是把未来拉到现在，所以你可以在现在做一些事来准备未来。"计划就是连接目前与未来、现状与目标之间的桥梁，有了计划才知道要花多少时间来达到目标，因此追求成功的人，必须养成事先制订时间计划的习惯。

早领悟　早成功

一个人不管多忙，制定工作时间表的时间还是能挤得出来的。特别是当你忙得不可开交的时候，就更要制定工作时间表。因为只有抽一点时间来制订时间表，在工作中才能发挥事半功倍的效果；而制定工作时间表所耗的时间，只占用你饭后10分钟或是工作前10分钟的时间。

如何善用零碎时间

中国有句名古谚："一寸光阴一寸金，寸金难买寸光阴。"清朝钱鹤滩又言："明日复明日，明日何其多！我生待明日，万事成蹉跎。"这都告诫我们要惜时如金。人生短暂，时光易逝，如何充分利用时间呢？如果能养成一些良好的习惯，将生活中的零碎时间，如排队，候车，就寝前等时间拿来做一些小事，就能达到事半功倍的效果。正如小额投资可以致富，零碎时间的把握也可以让人成功。

东晋明帝时的征西大将军陶侃，为人节俭自律，务政勤勉。他在任荆州刺史时，命令修造船只的官员把锯下来的木屑全部收藏起来，不限多少。官员们都不了解他的意图。后来，在一个正月初一的一天，正遇上一场大雪过后刚刚转晴，议事厅堂前面的台阶上扫了雪以后还很滑，于是，他就让下属在上面铺上一层木屑，这样，行走时就一点儿也不滑了。

万物皆有其用，一些平素为人们所看不上眼的小东西，往往在关键时刻能起大作用。陶侃的故事不正是说明了这一点吗？由物而想到人间奇缺的资源——时间，正像许多人不珍惜小物品一样，又有多少人珍惜过自己那宝贵生命中的一分一秒呢?

梁实秋说:"零碎时间最为宝贵。"爱因斯坦说:"人与人之间的区别就在于业余的时间。"零碎时间如此重要,那么我们该如何利用我们的零碎时间呢?

1. 善于创造时间区

一家集团公司的老板,每天上班比员工要早到一个小时,为什么呢?他是这样回答的:"因为我已经 70 多岁了,我早到一个小时,就能很容易地找一个离公司近一点儿的停车位,因为停车位非常难找。同时利用早到的这一个小时来处理信件和邮件,在这一个小时的时间内,员工都没有到,公司里非常安静,不容易被打扰,利用这一段时间来批量处理文件效率非常高。"所以你也可以把这个方法用到平时的工作中。比大家早到一个小时,或者晚走一个小时,在这一个小时里没有人打扰,可以静下心来仔细地考虑一些事情,这就是要创造时间区。

2. 善用午休时间

"午休"就应该好好休息。如果有午睡条件,或能回家睡眠半个多小时最好。不能回家,或没有午睡条件的,可以找一张长沙发打个盹,或者伏在桌子上睡十几分钟,也能消除疲劳。如果精力充沛,而且没有午睡习惯,应该采取更积极的办法充分利用午休时间。

有人利用午休时间到本单位阅览室去读报,因为在这里除了看到首都的几张大报外,还可以看到各种专业报纸和地方报纸。中午读过报纸后,晚上在家就可以集中精力和时间干别的。

有的人在午间做完"超觉静思"或"自我放松"之后,利用 1 小时的午休时间发奋工作。每周 5 个工作日,每天 1 小时,1 年就有 250 多个小时,大约折合 30 多个工作日。这样,无形中就比其他人多出了 1 月的工作时间。1 年可以多干不少的事。

3. 善用闲暇时间

凡在事业上有所成就的人,都有一个成功的诀窍:变"闲暇"为"不闲",也就是不偷清闲,不贪安逸。当年爱因斯坦曾组织过享有盛名的"奥林匹亚科学院",每晚例会,与会者总是手捧茶杯,边饮茶,边议论,后来相继问世的各种科学创见,有不少就产生于饮茶之余。

在生活中,我们可以有很多的方式善用闲暇时间,比如博览群书,汲取知识的甘泉；比如游历名山大川；比如广交朋友，撒下友谊的种子；比如进行美术创作，摸索篆刻艺术，构思长篇小说，让思维张开想象的翅膀……

4. 几种工作同时进行

我们也时常看见主妇们一边聊天、看电视，一边织毛衣，由于这两种事都属于较轻松的，不必100%地集中精神于其中任何一项，所以她们在同一时间内，做两三件事。

一位著名女作家为了争取时间写作，甚至一边做饭，一边写稿。国画大师黄君壁更是一边跟来访的朋友聊天，一边作画。这就需要有高人一等的功力。有些有成就的人，往往会一心两用。

所以，当你假日起床之后，坐在桌前发呆，说是要想想这一天的时间该怎么安排，这就已经是在浪费时间了。你何不一边洗脸、刷牙、吃早餐，一边想这些事呢？

5. 善用通勤时间

上班族往往能够体会到每天上下班的辛苦——焦急地等待公交车的到来，苦恼于上下班交通高峰期的塞车，站在车厢内苦苦熬过十几分钟甚至几十分钟……但是，又有多少人会想到利用这些零碎时间来做一些事情呢？

日本著名学者黑川康正经营"黑川国际法律会计事务所"，他的家离最近的车站不到10分钟，所以步行是他每天的习惯。但是上车之后，需两个小时才会抵达办公室，所以他倡导"时差交通法"，也就是避开高峰塞车时间，比平常早一个小时出门。

出门之后，一般人都会选择时间最短的路线。然而，黑川康正却认为，在车上的时间如果可以充分利用，其正面的效果更好。例如，最近一站的前一站是起始站的话应走到起始站去，这样可有位子坐。还有，要避开换车乘客多的车站，改在前一站或小站换车。

至于选择座位，黑川康正通常选择人们移动较少的角落，以便集中注意力，安静地看报纸或读书，实在不行背靠着门站着也能看看报纸。

6. 学会逆势操作

逆势操作就是别人干这件事的时候我偏不去干，等没人干的时候我再去干，这个方法确实非常好。比如午餐时间，楼下的餐厅里挤满了人，晚去半个小时会发现那时候的人非常少。北京交通较为拥挤，在早晨上班的时候，就可以试着早出发半个小时，这样就可能比别人提前 40 ～ 50 分钟先到，这是逆势操作的一个非常大的好处。

汇涓涓细流方成浩瀚大海，积点滴时间而成大业。事物的发展变化，总是由量变到质变的。"点滴"的时间看起来很不显眼，但这些零零碎碎的时间积累起来却大有用处。如果你想成就一番事业，一定要学会利用零碎时间。

早领悟 早成功

凡是有成就的人，几乎都是能有效利用零碎时间的人。

达尔文说："我从来不认为半小时是微不足道的一段时间，完成工作的方法，是珍惜每一分钟。"其实，生活中有很多零碎时间是大可利用的，如果你能化零为整，那你的工作和生活将会更加轻松。

如何挖掘隐藏的时间

挖掘隐藏的时间，就是挖掘你的工作效率。高效能的成功人士往往善于挖掘自己隐藏的时间，并坚持不懈地加以利用，从而帮助自己提高工作效率。

不知你注意到没有，你每天至少有两个小时的时间被白白地浪费掉，这就是你没有发现的时间，也可以叫作隐藏的时间。这些隐藏的时间看来不起眼，可是你不妨算一算，一天浪费两小时，一个月就是 60 个小时，一年就是 700 多个小时，10 年呢？30 年呢？积累起来就是一个庞大的时间群体。如果你善于利用这个庞大的时间群体，并坚持不懈，你就可以完成一项大事业。

一些高效能人士之所以工作效率特别高，就在于他们能坚持不懈地挖掘并利用隐藏的时间。

那么，怎样才能把隐藏的时间找出来呢？以下建议，对你会有所帮助：

1. 拒绝别人的打扰

如果有某个人走进了你的办公室，并不在日程安排之内，他想和你谈谈与他自己有关的某些事，那么就应毫不客气地立刻拒绝。

更不要以茶点或咖啡款待未经约定的访客，你要学会根据访客对你工作的重要性如何加以分类、判断，然后考虑要不要让访客在你的办公室里喝点儿或吃点儿什么。

2. 从办公桌上找出隐藏的时间

你可以在许多不同的地方进行重要的思考、企划、组织以及时间安排等工作，可是，你一天中的例行工作，很可能是必须集中在办公室的一张办公桌，或工作场所的某个定点完成的。如果能把办公桌布置成一个具有相当效率的个人工作站，并使它高度配合你的需要，那么，你的时间可能就会因此节省很多。

考虑的项目可以包括抽屉的数量是否足够，以尽量减少桌面的凌乱；备有特殊指南的个人档案夹；一只可以随时移动的废纸箱，以节省地面空间。

3. 善用等待的时间

善用等待的时间，就如你去看医生或是排队买东西时，最好随身带一本书，这样你就不必在那里无所事事地乱翻他们的杂志或一些无聊无益的东西。

不管在什么地方，每次拿破仑·希尔必须排队等候时，他总会尽量带些东西去看。他非常注重利用等待的时间，即使在开车时也带着技术报告和商业杂志，以便可在等红灯或塞车时看几行字。一位叫安妮·索恩的总裁助理也是如此，她在车里放了一把拆信刀，每次开车时都带着一叠信件，利用等红灯时看信。安妮说，反正15%都是垃圾信件，而且在她到达办公室前，信件已经遴选完毕，所以一到办公室她就把垃圾信件全都丢掉。

高效的玛尔扎特通常在他的电话机旁边放一叠阅读资料，这样每次在等对方接电话时他就可以随便翻阅。一位必须在机场花很多时间的业务员说："每次在下飞机去领行李的路上，我就停下来给我的客户打电话，等我结束通话时，行李也已经出来了。只要你用心，任何时间都不会被浪费掉。"

4. 重新安排空间与设备

如果工作场所的结构不符合每日的工作路线，那么多走路就会浪费时间与精力，因此需要重新安排重要的设备、储存室、办公桌和电话的位置以节省大量的时间。你也许需要专做办公室和工作场所设计的顾问提供专业建议，借助专家帮你研究工作路线，重新安排空间与设备，可以协助你把隐藏的时间找出来，提高工作效率。

5. 会议前先问自己几个为什么

各种各样的会议，无论是正式的，还是非正式的，都有可能浪费你的时间，因此，要养成在会议召开之前问自己一些问题的习惯，主要有以下几个问题：

如果不召开这次会议会怎么样？

为什么要召开这次会议？

这次会议的结果将是什么样的？

这次会议需要多长时间？

有必要参加这次会议吗？

怎样安排好这次会议？

什么时候召开这次会议最合适？

如果你不能满意地回答这些问题，就不要召开或参加这个会议。

6. 缩短处理不必要信息的时间

生活中很多过剩信息使我们很难把精力集中在最重要的工作上。为了提高工作效率，必须制定可以帮助我们缩短处理不必要信息的时间的策略。而处理不必要信息的关键之一，就是按重要程度阅读材料。

7. 节省途中时间

这么多时间耗费在毫无意义的上下班往返路途上，不如想想其他的方法。如果你有能力出得起钱的话，为什么不把家搬到一个离公司近的地方呢？或者你也可以在离家不远的地方找一个工作。

8. 充分利用睡前时间

如果你觉得自己缺乏思考问题的空闲时间，不妨试着坚持每天睡前挤出十几分钟的时间，一旦形成了习惯，就很容易长期坚持。

早领悟 早成功

时间如流水，稍纵即逝；生命像激光，一晃而过。巴甫洛夫说："一个人即使是有两次生命，这对于我们青年来说也是不够的。"董必武诗言："逆水行舟用力撑，一篙松劲退千寻，古人云此足可惜，吾辈更应惜秒阴。"这些都是提醒我们应珍惜时间。时间对于每个人来说都是平等的，它不因你是勤奋者而多给，也不因你是懒惰者而少给。但在这有限的时间内，不同思想的人会得到不同的结果。

如何充分利用最佳时间

医学家和生理学家对很多人进行了大量的观察和研究，根据其生理活动周期性变化的特点和规律，把人们分为"百灵鸟型"、"猫头鹰型"和"混合型"。如果我们能根据自己的生理类型，合理安排和利用自己的最佳时间，用最佳时间做最重要的事情，那么，将会收到事半功倍的效果。

众所周知，最理想的做事策略，是在精力最佳时间做最重要的事情。

那么，究竟什么时间是我们的最佳时间呢？这在很大程度上取决于我们的用脑特点和习惯。医学家和生理学家对很多人进行了大量的观察和研究，根据其生理活动周期性变化的特点和规律，把人们分为"百灵鸟型"、"猫头鹰型"和"混合型"。

"百灵鸟型"的人黎明即起，情绪高涨，思维活跃，这些人喜欢在早晨5点到8点进行最复杂的创造性劳动，如作家姚雪垠、数学家陈景润习惯在凌晨3点投入工作，俄国文豪托尔斯泰、英国小说家司格特也习惯于早晨写作。

"猫头鹰型"的人则恰恰相反，他们则是每到夜晚脑细胞便进入兴奋状态，精神饱满，毫无倦意，这些人便乐意在晚上工作，尤其是晚上8点至深夜，他们认为这是"奇思常伴夜色来"的最佳用脑时间。

第三种是"混合型"。这类人全天用脑效率差不多，但相对而言在上午8～10点和下午3～5点左右效率较高。就整个人群来说，混合型人是绝大多数，约占90%。

如果我们把效率高峰期的概念引进我们的生活，充分利用最佳时间做最重要的事，将会收到事半功倍的效果。

在时间的利用上，我们将最佳时间划分为"内在的最佳时间"和"外在的最佳时间"。所谓"内在的最佳时间"是指一天自然的活动时间，例如早晨、中午、晚上等；而"外在的最佳时间"则是指与社会、工作相适应的时间，这些都与个人的职务、社会活动、家庭生活等有直接的关系。

"内在的最佳时间"一般以两小时为一个阶段。因此，工作中应该善用这两个小时来发挥自己的潜能。如果最佳时间安排不当，往往会造成工作上的不愉快。

韩女士每天在孩子上学、丈夫上班后，便感到精力充沛。于是，她很快地整理家务。但是，当完成整理家务后，想再做自己想做的事时，就感到精力疲乏起来。这就是她对"内在的最佳时间"的运用不当所致。

很显然，韩女士是属于"混合型"的人。所以，当她感到精力充沛时，应该先完成自己想做的工作，等到疲倦时，再来进行零碎的家务整理，这样在工作时间安排上比较适当。

相对于"内在的最佳时间"，"外在的最佳时间"的安排似乎更重要且困难得多。但是，只要在事情的处理上，能够掌握得好，其实还是很容易的。因为所开发出来的，是外在时间的源泉，事情一有转变，就会影响往后一大段时间的安排，不必像安排"内在的最佳时间"一样，每天都得注意。

对"外在的最佳时间"的运用安排，必须同时考虑其他人时间运用的合适度，两方面才能相辅相成。譬如，推销员在"外在的最佳时间"推销时，就应避开别人的休息时间，以免打扰别人。从对方的角度来看，对方也是利用他"外在的最佳时间"和你一起进行工作。

一位公司的员工发现他的上司平常很少外出。所以，该员工除了在工作时间内会进入上司的办公室外，其余时间，绝不去打扰他。后来两人的关系越来越融洽，而且非常有默契。

与自然界运动具有周期性一样，人的思维、情绪和各器官运转都有严格的时间节拍，人们形象地称之为"生物钟"。它控制着人们的生理活动和精神活动，在日常生活中，人们每天的起床睡觉周期、妇女的月经周期等，都是一些明显具有生物钟活动的现象。人体中大约有40多种生理过程都受生物钟支配，即使长期卧床或者在小黑屋中与世隔绝几个月，生理活动仍照常进行，而且与正常生活的人没有明显差异。

如果根据你的"生物钟"确定好你的最佳时间，然后安排工作，而不是跟它作对，那么，你就能够干得更多，并以较少的时间、较轻的体力耗费和较小的工作强度取得最大的效率，而且也不会那么快就感到累，精神集中力会更持久、更高，这样，失误率也将降低。

在美国曾经流传过这么一个笑话：说是第二次世界大战，如果罗斯福和丘吉尔二人的节奏一致的话，日本人可能败得更早。为什么呢？

　　因为罗斯福便是典型的"百灵鸟型"。第二次世界大战时，他每一想到有关攻击日本的好构想时，马上用国际电话把尚在伦敦甜睡中的丘吉尔叫醒，但刚睡着就给叫醒的这位英国首相，还在睡眼蒙中，无法发挥犀利的头脑；反之，在夜深人静才能发挥高度智慧的"猫头鹰型"的丘吉尔，一有了好的构想，也常常突然把罗斯福从温暖的睡床上叫起来……如果这种"百灵鸟型"和"猫头鹰型"能趋于一致的话，这两位巨头的工作效率不知要提高多少倍。难怪有人说日本的投降可能最少会提早半年哩！此事是否属实，尚待考证。但如果能根据同僚和部属们的最佳时间来安排工作，的确能够达到事半功倍的效果。

　　美国总统小布什是一个极其守时的人，他常挂在嘴边的一句话是："迟到就是犯罪。"小布什喜欢早起，成为美国总统后，每天清晨 7 点 30 分准时召开的例会是他最喜欢做的事。尽管许多人对此怨声不绝，他们还得在早晨睡眼惺忪地赶来。有时候新闻发布会上电视摄像机还没有完全摆设好时，小布什人已经冲上讲台了。

　　很多成功人士一致认为：每天早起一会儿，绝对是一个好习惯。美国成功学大家拿破仑·希尔说："我宁愿只睡 5 小时，早上 5 点或 5 点 30 分起床，借以好好地把握我的时间，也不愿睡得太晚，然后整天被时间控制着。"很难用几句话充分说出每天早起几分钟的好处，例如，从避开交通拥挤的高峰到处理未预料到的各种问题，仅仅 15 分钟的时间就会产生很大的差别。

　　开始几天早起几分钟，可能觉得不大舒服，你受到的惩罚也似乎多于得到的好处。经过一段时间，便会体会到少睡一会儿，会使你多做更多的工作，增加更多的闲暇时间。头一两周，你最好用早起的那点儿时间去娱乐或消遣。如坐下来读 15 分钟的报纸或喝杯咖啡等。当早起成为你的习惯以后，就可以有效地利用这点儿时间做其他重要工作。

早领悟　早成功

　　在自我时间管理上，我们应该寻找优良的方法，去合理安排和利用我们的最佳时间，让最佳时间这把好钢用在刀刃上，也就是最重要的事情上，只有这样，我们的工作效率才能得到有效提高。

扫码获取
更多资源